全国高等职业教育规划教材

虚拟仪器应用

主编 刘 科 宋秦中

参编 宋 佳 李甫成 应 俊 李定军

U0345399

机械工业出版社

本书以 LabVIEW（2011 及以上版本）为蓝本，通过理论与实践一体化项目的形式，深入浅出地介绍了虚拟仪器的体系结构及 LabVIEW 的编程方法。全书共 3 篇、即 LabVIEW 基本使用、基于 LabVIEW 的测控系统、虚拟仪器的综合设计，涉及 14 个项目，其中第 1 篇，通过 5 个项目学习 LabVIEW 的基本使用；第 2 篇以基于 PC - DAQmx 虚拟仪器系统为内容，由 5 个独立的测控项目构成，项目内容由简单到复杂，从硬件构成到软件实现以及系统调试等，都进行了详细介绍；第 3 篇为 4 个综合设计项目，给出项目要求等信息，要求读者根据前两篇的内容自己设计测控系统，并给出参考设计。

本书内容由浅入深、由简单到复杂；有边学边做的内容，也有需要读者自己设计的内容。书中对每个项目的硬件构成都进行了详细介绍，读者可以自己搭建。本书可作为高职高专类院校、成人高等学校及本科院校举办的二级职业技术学院和民办高校电子、电气等相关电类专业的教材，也可供虚拟仪器的初学者参考。

本书配套授课电子课件和源程序，需要的教师可登录 www.cmpedu.com 免费注册、审核通过后下载，或联系编辑索取（QQ：1239258369，电话：010 - 88379739）。

图书在版编目（CIP）数据

虚拟仪器应用/刘科，宋秦中主编 . —北京：机械工业出版社，2014. 8
全国高等职业教育规划教材
ISBN 978 - 7 - 111 - 48136 - 2

Ⅰ.①虚…　Ⅱ.①刘…　②宋…　Ⅲ.①虚拟仪表 - 高等职业教育 - 教材　Ⅳ.①TH86

中国版本图书馆 CIP 数据核字（2014）第 227526 号

机械工业出版社（北京市百万庄大街 22 号　邮政编码 100037）
责任编辑：王　颖　　责任校对：张艳霞
责任印制：李　洋
三河市宏达印刷有限公司印刷

2014 年 11 月第 1 版·第 1 次
184mm×260mm·11. 75 印张·284 千字
0001 - 3000 册
标准书号：ISBN 978 - 7 - 111 - 48136 - 2
定价：28. 00 元

凡购本书，如有缺页、倒页、脱页，由本社发行部调换

电话服务　　　　　　　　　　　　网络服务
社服务中心：(010) 88361066　　　教材网：http://www.cmpedu.com
销售一部：(010) 68326294　　　　机工官网：http://www.cmpbook.com
销售二部：(010) 88379649　　　　机工官博：http://weibo.com/cmp1952
读者购书热线：(010) 88379203　　**封面无防伪标均为盗版**

全国高等职业教育规划教材
电子类专业编委会成员名单

主　　任　　曹建林

副 主 任　　张中洲　　张福强　　董维佳　　俞　宁　　杨元挺　　任德齐
　　　　　　华永平　　吴元凯　　蒋蒙安　　祖　炬　　梁永生

委　　员　　（按姓氏笔画排序）
　　　　　　于宝明　　尹立贤　　王用伦　　王树忠　　王新新　　任艳君
　　　　　　刘　松　　刘　勇　　华天京　　吉雪峰　　孙学耕　　孙津平
　　　　　　孙　萍　　朱咏梅　　朱晓红　　齐　虹　　张静之　　李菊芳
　　　　　　杨打生　　杨国华　　汪赵强　　陈子聪　　陈必群　　陈晓文
　　　　　　季顺宁　　罗厚军　　胡克满　　姚建永　　钮文良　　聂开俊
　　　　　　夏西泉　　袁启昌　　郭　勇　　郭　兵　　郭雄艺　　高　健
　　　　　　曹　毅　　章大钧　　黄永定　　曾晓宏　　谭克清　　戴红霞

秘 书 长　　胡毓坚

副秘书长　　蔡建军

出 版 说 明

《国务院关于加快发展现代职业教育的决定》指出：到2020年，形成适应发展需求、产教深度融合、中职高职衔接、职业教育与普通教育相互沟通，体现终身教育理念，具有中国特色、世界水平的现代职业教育体系，推进人才培养模式创新，坚持校企合作、工学结合，强化教学、学习、实训相融合的教育教学活动，推行项目教学、案例教学、工作过程导向教学等教学模式，引导社会力量参与教学过程，共同开发课程和教材等教育资源。机械工业出版社组织全国60余所职业院校（其中大部分是示范性院校和骨干院校）的骨干教师共同策划、编写并出版的"全国高等职业教育规划教材"系列丛书，已历经十余年的积淀和发展，今后将更加紧密结合国家职业教育文件精神，致力于建设符合现代职业教育教学需求的教材体系，打造充分适应现代职业教育教学模式的、体现工学结合特点的新型精品化教材。

"全国高等职业教育规划教材"涵盖计算机、电子和机电三个专业，目前在销教材300余种，其中"十五""十一五""十二五"累计获奖教材60余种，更有4种获得国家级精品教材。该系列教材依托于高职高专计算机、电子、机电三个专业编委会，充分体现职业院校教学改革和课程改革的需要，其内容和质量颇受授课教师的认可。

在系列教材策划和编写的过程中，主编院校通过编委会平台充分调研相关院校的专业课程体系，认真讨论课程教学大纲，积极听取相关专家意见，并融合教学中的实践经验，吸收职业教育改革成果，寻求企业合作，针对不同的课程性质采取差异化的编写策略。其中，核心基础课程的教材在保持扎实的理论基础的同时，增加实训和习题以及相关的多媒体配套资源；实践性较强的课程则强调理论与实训紧密结合，采用理实一体的编写模式；涉及实用技术的课程则在教材中引入了最新的知识、技术、工艺和方法，同时重视企业参与，吸纳来自企业的真实案例。此外，根据实际教学的需要对部分课程进行了整合和优化。

归纳起来，本系列教材具有以下特点：

1）围绕培养学生的职业技能这条主线来设计教材的结构、内容和形式。

2）合理安排基础知识和实践知识的比例。基础知识以"必需、够用"为度，强调专业技术应用能力的训练，适当增加实训环节。

3）符合高职学生的学习特点和认知规律。对基本理论和方法的论述容易理解、清晰简洁，多用图表来表达信息；增加相关技术在生产中的应用实例，引导学生主动学习。

4）教材内容紧随技术和经济的发展而更新，及时将新知识、新技术、新工艺和新案例等引入教材。同时注重吸收最新的教学理念，并积极支持新专业的教材建设。

5）注重立体化教材建设。通过主教材、电子教案、配套素材光盘、实训指导和习题及解答等教学资源的有机结合，提高教学服务水平，为高素质技能型人才的培养创造良好的条件。

由于我国高等职业教育改革和发展的速度很快，加之我们的水平和经验有限，因此在教材的编写和出版过程中难免出现问题和疏漏。我们恳请使用这套教材的师生及时向我们反馈质量信息，以利于我们今后不断提高教材的出版质量，为广大师生提供更多、更适用的教材。

机械工业出版社

前　言

《虚拟仪器应用》一书适用于高等职业院校电类各专业。本书以 LabVIEW 为蓝本，以实践项目为内容，把虚拟仪器知识的学习与实践紧密结合。项目案例由企业工程师提供，由多年从事教学工作的教师与企业技术人员共同编写。

本书共分为 3 篇、14 个项目，第 1 篇"LabVIEW 基本使用"和第 2 篇"基于 LabVIEW 的测控系统"为必修内容，参考学时为 60~70 学时；第 3 篇"虚拟仪器的综合设计"可作为学生的课程设计、大作业等。

本书由苏州市职业大学与企业联合编写，其中项目 1（除 1.1.1 节外）、项目 3、项目 6、项目 7、项目 8 和项目 11 由苏州市职业大学刘科编写，项目 2、项目 4、项目 9、项目 12 和项目 14 由苏州市职业大学宋秦中编写，项目 1 的 1.1.1 节和项目 5 由美国国家仪器有限公司李甫成编写，项目 10、项目 13 由苏州市职业大学宋佳编写。书中的项目案例由北京中科泛华测控技术有限公司应俊和上海华穗电子科技有限公司李定军提供，本书最终由刘科统稿和校订。

由于编者水平有限，书中难免有错误和不妥之处，恳请使用本书的师生和广大读者提出批评和改进意见。

编　者

目　录

第 1 篇　LabVIEW 基本使用

项目 1　认识 LabVIEW

1.1　任务 1　认识虚拟仪器

1.1.1　虚拟仪器简介

在了解什么是虚拟仪器（Virtual Instrumentation，VI）之前，先简单回顾一下仪器技术的演进历程。在测试测量领域，仪器经历了与电话极其类似的发展过程。它们或者被植入 CPU、内存中，安装上软件，具备了计算机的基本功能；或者被拆解开来，取其核心部件插入到计算机中去，使计算机具备测试功能。这两种发展方向都使得仪器的功能更强大，速度更快，而其区别之处在于，把仪器移植到计算机中，更多考虑的是降低成本；而把计算机移植到仪器中，则更多的是为了满足仪器小型化的需要。

在计算机运算能力强大到一定程度之后，以"虚拟"为前缀的各项技术开始纷纷出现，比如虚拟现实、虚拟机和虚拟仪器等。虚拟现实是指用计算机表现真实世界；虚拟机是指在一台计算机上模拟多台计算机；虚拟仪器是指在计算机上完成仪器的功能。虚拟仪器的概念最早由美国国家仪器公司（National Instrument，NI）提出，虚拟仪器是相对于传统仪器来说的。在传统的实验室里做各种物理/电子学实验时，常常用到万用表、示波器等仪器，它们每台仪器就是一个固定的方盒子，它们所有的测量功能都在这个盒子内完成，这就是所谓的传统仪器。而进入到虚拟仪器时代，这种单一功能的方盒子开始逐渐被计算机所取代。

用户看不到传统仪器的方盒子的内部，更无法改变其结构。因此，一台传统仪器一旦离开生产线后，其功能和外观就固定下来了。用户只能利用一台传统仪器完成某个功能固定的测试任务，一旦测试需求改变，就必须再次购买满足新需求的仪器。而虚拟仪器技术就是利用高性能的模块化硬件，结合高效灵活的软件来完成各种测试、测量和自动化应用的。灵活高效的软件能帮助用户创建完全自定义的用户界面（传统仪器的软件通常被称为固件，无法由用户改变），模块化的硬件能方便地提供全方位的系统集成（传统仪器就是一个个单独的盒子），标准的软硬件平台能满足用户对同步和定时应用的需求（传统仪器的平台各个厂商各不相同）。

虚拟仪器技术除了基础的信号采集部分，其他软硬件全部采用通用的计算机软硬件设备。这些通用的软、硬件设备可以低廉的价格进行升级，或者被使用者按自己意愿进行配置。比如，在虚拟仪器上，用户可以通过升级 CPU 来加快仪器的处理速度，可以自己编写程序来改变仪器的测试功能和交互界面。图 1-1 给出了传统仪器与虚拟仪器之间的结构对比。我们很容易在图 1-16 中找到虚拟仪器所独有的灵活高效的软件、模块化的硬件以及标准的与通用 PC 相兼容的软硬件平台。

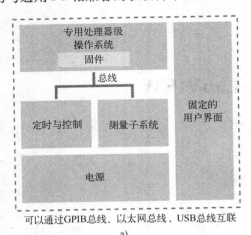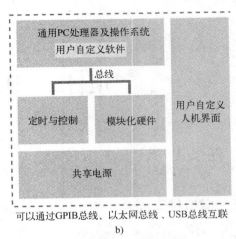

图 1-1　传统仪器与虚拟仪器的结构对比
a）传统仪器　b）虚拟仪器

在后面的项目中将介绍如何构建一个典型的虚拟仪器测控系统，这里首先来认识一个常常与"虚拟仪器"成对出现的名称——LabVIEW。在很多情况下，LabVIEW 容易和虚拟仪器混为一谈，这里有必要着重指出，虚拟仪器技术依赖于灵活高效的软件 + 模块化的硬件 + 标准的软硬件平台，而 LabVIEW 是灵活高效软件的最重要代表之一。

1.1.2　LabVIEW 简介

实验室虚拟仪器工程平台（Laboratory Virtual Instrumentation Engineering Workbench，LabVIEW）是 NI 创立的一种功能强大而又灵活的仪器和分析软件应用开发工具，它是一种编程语言，与其他常见的编程语言相比，其最大的特点就是图形化的编程环境。

常见的编程语言（如 C 语言等）都是文本式的编程语言。文本语言是抽象的，但是效率高，能用简短的语言表达丰富的含义。而对于使用者而言，无疑需要花费较长的时间和较多的精力去熟悉精通这些语言。

对于大多数的工程师，尤其是非精通软件的工程师，他们的精力更多的是投入在所希望实现的功能上，而非编程语言的掌握上。NI 提供的这样一款图形化的编程软件，恰恰符合了这样的需求。对于软件初学者，LabVIEW 只需要两、三天便可以入门，工程师就可以运用 LabVIEW 来实现很多简单的功能。

LabVIEW 不但在设计程序前界面部分使用了图形化的方式，在程序代码的编写和功能实现上也使用了图形化的方式。由于 LabVIEW 采用的是图形化开发环境，所以也经常会被称为 G 语言（Graphical Programming Language）。LabVIEW 不仅可以应用于测控行业，而且被广泛地用于仿真、教育、快速开发、多硬件平台的整合使用等方面。同时 LabVIEW 还支持实时操作系统和嵌入式系统（如 FPGA 等）。

1.2 任务 2 认识 VI

1.2.1 VI 简介

VI 有两个含义，其一是虚拟仪器 "Virtual Instrument" 的缩写（虚拟仪器是一门技术，是基于计算机技术，包含硬件和软件两大组成部分），另一个含义是 LabVIEW 程序。以往称文本式编程语言所编写的代码为源代码，称使用 LabVIEW 编写的代码为 VI，LabVIEW 程序的扩展名为 .vi。简单地讲，"一个 VI 就是一个 LabVIEW 程序"。

与文本编程语言中所说的主函数、子函数类似，VI 也有主 VI 和子 VI，它们在编写过程中没有什么本质差别，只是称被调用的 VI 为子 VI，而调用者即为主 VI。

1.2.2 VI 的组成

打开 LabVIEW2011 有两种方式，可以通过用鼠标双击桌面快捷方式 ，或者在开始菜单中运行 "National Instruments LabVIEW 2011 SP1"。LabVIEW 2011 的启动窗口如图 1-2 所示。启动界面的右边是 LabVIEW 给用户提供的丰富资源，下方有一个范例查找器，提供了丰富的例子，使用者可以查找其中的范例进行相关的学习。也可以在菜单栏的 "帮助" 中打开范例查找器。启动界面的左边是用来创建、打开程序和项目的选项。

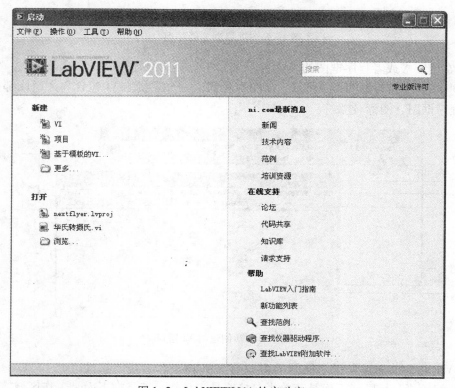

图 1-2 LabVIEW2011 的启动窗口

1. 新建 VI

在 LabVIEW 中新建一个 VI，有多种方法。

1) 在启动窗口的左侧选择"新建"下的"VI"，就可以创建一个空白 VI；选择"基于模版的 VI"，可用来创建一个基于模版的 VI；选择"更多"则可以选择其中更多的模版来创建基于模版的 VI 或者项目。

2) 选择"项目"就可以新建一个项目，弹出图 1-3 所示的"项目浏览器"窗口。在图中的"我的电脑"上用鼠标右键单击，从弹出的快捷菜单中选择"新建→VI"，即可创建新的 VI。

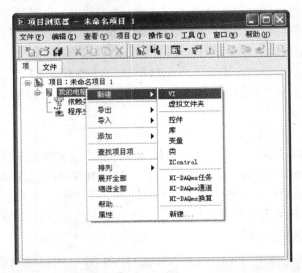

图 1-3 "项目浏览器"窗口

3) 在前面板或者程序框图的"文件"菜单中选择"新建 VI"。

新创建的 VI 窗口如图 1-4 所示。从图中看到，一个完整的 VI 包含 3 大组成部分，即前面板、程序框图、图标/连线板。

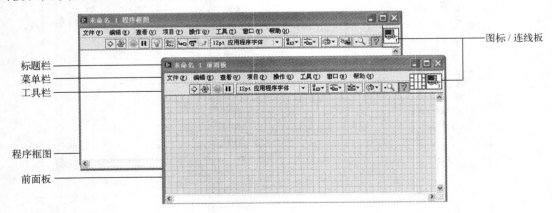

图 1-4 新创建的 VI 窗口

LabVIEW 的前面板和程序框图的窗口与 Windows 下的其他软件（比如 Office）类似，最上面是标题栏，标题栏下面是菜单栏，接着是工具栏。工具栏下面是工作区域，用户可以在这里编辑用户界面或程序框图。与其他软件不同的是，在前面板和程序框图窗口的右上角都有一个图标/连线板。前面板是图形化用户界面，相当于实际仪器仪表的面板，而程序框图用来定义该仪器仪表的功能，相当于仪器仪表内部的功能部件。

2. LabVIEW 菜单栏

LabVIEW 的菜单栏有两种，一种是下拉菜单，另一种是快捷菜单。下拉菜单与其他软件类似，不进行详细介绍。快捷菜单在控件、函数和连线等处单击鼠标右键时就会出现。LabVIEW 有着丰富的右键功能，在后面的相关章节会详细介绍。

（1）工具栏

1）前面板工具栏。

⇨ 程序运行键。若程序运行键变为 ⇨，则说明此时程序框图中有错误。比如有断线、对必需的端口未连接连线端子、子 VI 不能运行等。

⊛ 连续运行键。连续运行当前程序。

◉ 中止执行键。强制停止所运行的程序，一般不推荐使用该按键停止运行的程序，强制停止可能导致已占用的资源未完全释放。

‖ 暂停键。在连续运行时，用来暂停程序，如需继续运行，再单击该按键即可。

22pt 应用程序字体 文本设置键。修改当前选中的文本的字体、大小和颜色等。

分别是对齐对象、分布对象和调整对象大小，用来排布当前选中的控件的排列方式以及大小，如中心对齐、左对和右对齐等距排布控件，依据某控件大小修改所有选中控件的大小。

 重新排序键。可用于锁定控件或背景图片以及置前或置后。

搜索 搜索键。用来查找需要帮助的内容。

? 即时帮助键。用来打开和关闭即时帮助窗口。

2）程序框图工具栏。程序框图工具栏中相同图标与前面板功能相同，其中：

 亮显示键。调试程序单击该按钮，放慢程序运行速度，查看经过每个节点的数据是否正常。

 保留连线值。单击该按钮，可以保留上一次运行时每个数据线上的数据，若使用探针（probe）查看，则可以看到之前一次的数据。

 单步调试程序按键。

 整理程序框图连线。

以上所有的描述都可以在 LabVIEW 的帮助文档中找到相关的说明。

（2）工具选板

工具选板是经常使用的一个工具，如图 1-5 所示，在前面板和程序框图中都可以使用。如果该选板没有出现，则可以在菜单栏下选择"查看→工具选板"命令来显示，或者在空白处按〈Shift〉键 + 鼠标右键。工具选板的默认状态是选择上方的"自动工具选择工具"和"选择"，此时，"自动工具选择工具" 的指示灯亮，而箭头形状的"选择工具" 处于选中状态。在这种状态下，当光标移动到某个对象上时，会根据这个对象与其他对象当前的关系，自动选择一种合适的工具。当自动选择工具不适合时，可以手动选择需要的工具。

图 1-5 工具选板

在选择了任一种工具后，鼠标箭头就会变成该工具相应的形状。工具选板中各工具的具体功能含义见表1-1。

表1-1　工具选板中各工具的具体功能含义

序　号	图　标	名　　称	功　　能
1		Operate Value （操作值）	用于操作前面板的控制和显示。当使用它向数字或字符串控制中键入值时，工具会变成标签工具
2		Position/Size/Select （选择）	用于选择、移动或改变对象的大小。当它用于改变对象的连框大小时，会变成相应形状
3		Edit Text （编辑文本）	用于输入标签文本或者创建自由标签。当创建自由标签时，它会变成相应形状
4		Connect Wire （连线）	用于在流程图程序上连接对象。当联机帮助的窗口被打开时，把该工具放在任一条连线上，就会显示相应的数据类型
5		Object Shortcut Menu （对象菜单）	用鼠标左键可以弹出对象的弹出式菜单
6		Scroll Windows （窗口漫游）	使用该工具就可以不需要使用滚动条而在窗口中漫游
7		Set/Clear Breakpoint （断点设置/清除）	使用该工具在 VI 的流程图对象上设置断点
8		Probe Data （数据探针）	可在框图程序内的数据流线上设置探针。通过探针窗口来观察该数据流线上的数据变化状况
9		Get Color （颜色提取）	使用该工具来提取颜色，用于编辑其他的对象
10		Set Color （设置颜色）	用来给对象定义颜色。它也显示出对象的前景色和背景色

当需要对程序的前面板、控件、程序框图和各种结构修改颜色的时候，可以选择工具选板下方的"设置颜色"选项，选择自己所需颜色即可。需要注意的是 T 选项，是一个透明色的填充（Transparent）。

1.2.3　VI 的前面板

前面板是图形化的人机界面，用于设置输入量和观察输出量，它模拟真实仪器的前面板。如同真实的仪器仪表一样，要对它输入参数并观察测量结果。虚拟仪器在前面板也提供了实现这样功能的控件。其中，输入量被称为 Controller（输入控件），用户可以通过控件向 VI 中设置输入参数，如旋钮、开关和按钮等；输出量被称为 Indicator（指示控件），如图形、图表和指示灯等，VI 通过指示器向用户提示状态或输出数据等信息。这些控件可以从"控件选板"中选择。

打开控件选板有两种方法，一是在菜单栏里选择"查看"下的"控件选板"，或者用鼠标右键单击前面板空白处，都会出现图1-6所示的"控件选板"对话框。

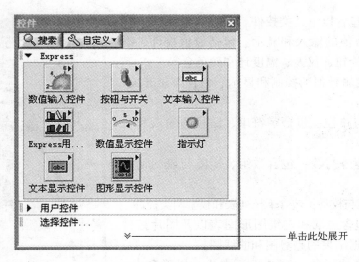

图 1-6 "控件选板"对话框

1. 控件选板

控件选板默认类别为"Express"面板。在选板的上端,有"搜索"和"查看"两个键,单击"搜索"按钮,可以查找需要的控件。单击"自定义"按钮会出现下拉菜单,如图 1-7a 所示。在菜单中可选择查看控件选板的方式。

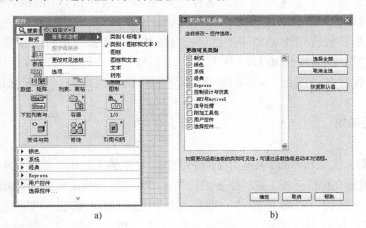

a)   b)

图 1-7 更改可见类别窗口

a) 单击"自定义"出现下拉菜单 b)"更改可见类别"对话框

选择其中的"更改可见类别",弹出图 1-7b 所示"更改可见类别"的对话框,勾选里面的复选项,单击"确定"按钮,回到控件选板,就会看到所有选中的类别。也可以单击控件选板下端 展开,看到所有类别选项。注意,控件选板可以通过拖动标题栏移动到任意位置,控件选板的大小也可以通过拖动边框和四角任意拉伸。

控件选板里的许多控件外观都很形象,尤其"新式"子选板里面的控件,也比较美观,这里重点介绍。在图 1-7 中,单击"自定义"按钮,打开"更改可见类别"对话框,勾选"新式"选项,单击"确定"按钮,回到控件选板。在控件选板中单击"新式"按钮,打开新式控件子选板,如图 1-8所示。

新式控件子选板包含以下几类控件。

1）数值：数值的输入和显示。包括数值控件、滑动杆、滚动条、旋钮、仪表、温度计和颜色盒等。

2）布尔：逻辑数值的控制和显示。包含布尔开关、按钮和指示灯等。

3）字符串与路径：包含字符串、路径的输入和显示控件。

4）数组、矩阵与簇：包含数组、矩阵与簇的输入控件和显示控件。

5）下拉列表与枚举：包含下拉列表和枚举两类控件。

6）图形：包含二维和三维图形图表以及图片控件等，用于显示数据结果的趋势图和曲线图。

7）列表与表格：包含列表框、表格、树形和Express表格等控件。

8）容器：包含分隔栏、选项卡、子面板和容器等，用于组合控件，或在当前VI的前面板上显示另一个VI的前面板。

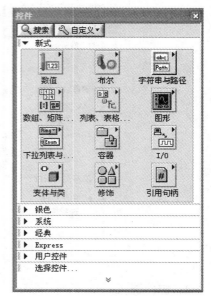

图1-8　新式控件子选板

9）I/O：包含将所配置的DAQ通道名称、VISA资源名称和IVI逻辑名称传递至I/O VI等的控件，与仪器或DAQ设备进行通信。

10）引用句柄：包含用于对文件、目录、设备和网络连接等进行的操作。

11）变体与类：包含变体和LabVIEW类，用来与变体和类数据进行交互。

12）修饰：包含各种图框、三角形、圆形等图形以及线段等，用于修饰和定制前面板的图形对象。

2. 前面板的编辑

（1）放置对象

在前面板编辑人机交互界面，需要用到各种控件，比如输入数据、数值显示、波形显示以及开关按钮等。用鼠标在控件选板上选择需要的控件，将其拖放到前面板上，就可以设计前面板。

先在前面板上放置一些数值控件，即打开控件选板的"数值"子选板，选中"数值输入"控件，将其拖放到前面板上，面板上会出现"数值"控件。把该控件的标签"数值"改为"数值输入"。用同样方法放置一个数值输出控件，改名为数值输出。拖动控件选板右侧滚动条，找到旋钮、温度计、垂直刻度条和仪表等，拖放到前面板上。然后放布尔量，即打开控件选板的"布尔"子选板，选择"垂直摇杆开关"和"方形指示灯"，将其拖放到前面板上。放置对象的界面如图1-9所示。在菜单栏下打开"文件"下拉菜单，选择"保存"，VI名称为"前面板程序框图编辑"，窗口的标题栏内容由"未命名.vi"变为"前面板程序框图编辑.vi"。

（2）调整对象

可以对图1-8中对象的位置、大小和颜色等进行修改。先把输入控件拖放到左侧、显示控件拖放到右侧。方法是将鼠标移动到对象上，当鼠标图标变成箭头时，按下左键，移动鼠标到合适位置，然后释放鼠标。如果不整齐，就可以使用工具栏上的对齐对象

和分布对象 键来调整。调整对象的窗口如图 1-10 所示，选中要对齐的对象，然后单击"对齐"按钮，选择里面的对齐方式即可。在将对象移动对齐后的图 1-10 中，分隔线左侧为输入控件，右侧为显示控件。

改变对象的大小方法是，把鼠标移动到对象上，对象的边缘就会出现拖动句柄，将鼠标移动到句柄上，单击鼠标就可以任意拖动到合适的大小。例如，把指示灯和旋钮适当拉大。

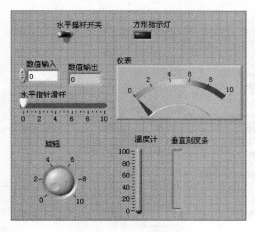
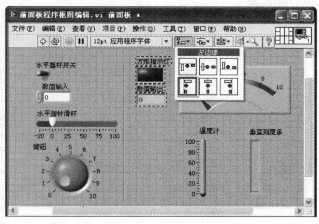

图 1-9　放置对象的界面　　　　　　　　图 1-10　调整对象的窗口

改变对象以及背景的颜色要用到工具选板。打开工具选板，单击最下边的"设置颜色"，可以进行前景和背景颜色的修改，如图 1-11 所示。然后选择一个颜色，鼠标变成毛笔形状，单击要修改对象即完成颜色修改，例如将旋钮的颜色改为蓝色。如果对颜色的修改不满意，就可以在菜单栏打开"编辑"下拉菜单，取消该修改，其他修改也可以用同样方法取消。

改变文字的颜色、大小字体和样式要用到工具栏里面的"文本设置"键。修改文本如图 1-12 所示。

LabVIEW 支持剪切板，可以对面板上的对象进行复制粘贴，也可以把其他的图片文本等复制粘贴到前面板上，还可以使用〈Ctrl + C（复制）〉、〈Ctrl + V（粘贴）〉组合键来完成。例如将"数值输入"复制，粘贴后，出现新的数值输入控件"数值输入 2"。要删除对象，只需选中对象，然后按键盘上的〈Delete〉键即可。

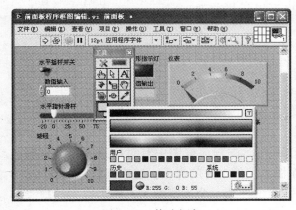
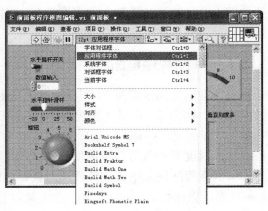

图 1-11　修改颜色　　　　　　　　　　图 1-12　修改文本

9

（3）控件的快捷菜单和属性修改

每个控件都有自己的属性，在控件上单击鼠标右键，就会出现快捷菜单。不同类型的控件快捷菜单不尽相同，如图 1-13 所示，左侧为"数值输入"控件的快捷菜单，右侧显示控件为"仪表"的快捷菜单。在数值输入控件的快捷菜单中，有一个"转换为显示控件"选项；显示控件的快捷菜单里有一个"转换为输入控件"选项，可见输入控件和显示控件可以互相转换。

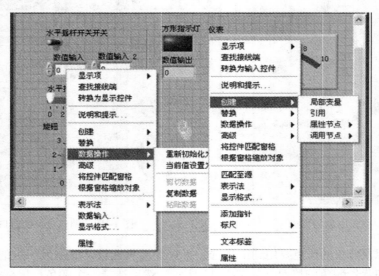

图 1-13　不同类型的控件快捷菜单

在控件的快捷菜单中都有"属性"选项，在这个选项里面，可以进行一些属性设置。选中"属性"选项会打开"属性设置"对话框，进行外观、操作、数据绑定和快捷键等的设置。

对控件有些属性的设置，也可以不打开属性对话框，比如刻度范围的修改。以水平指针滑杆为例，滑杆默认刻度范围为 0 ～ 10，要修改成 -20 ～ 100，只需单击最小值处，输入"-20"，单击最大值处，输入"100"即可。刻度范围设置如图 1-14 所示。旋钮、仪表和温度计等也可以依样修改量程。

图 1-14　刻度范围设置

1.2.4　VI 的程序框图

程序框图是用来编写 VI 逻辑功能的图形化源代码的。在前面板上放置的控件是程序的数据接口，称为 Terminal（接线端子），而控件在程序框图中会以 Icon（图标）的形式显示。在图 1-15a 所示 Convert C to F. VI 的前面板中，前面板有 3 个控件，分别是摄氏温度℃的数值、华氏温度 F 的数值以及温度计，在图 1-15b 所示的程序框图中有对应这 3 个控件同名的端子。在程序框图中看到控件图示就是前面板上控件本身的样子，这个是所谓的 View As Icon（显示为图标）。在程序框图中用鼠标右键单击任意一个接线端子，将弹出的快捷菜单中的"显示为图标"勾选去掉，就可以将 Terminal 变为缩小版本。

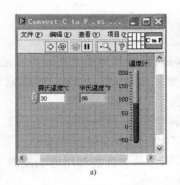
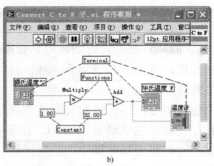

a)   b)

图 1-15　Convert C to F. VI 的前面板和程序框图

a）Convert C to F. VI 的前面板　b）程序框图

1. 函数选板

除了与前面板控件对应的接线端子外，程序框图中还有函数（Function）、子 VI（Sub VI）、常量（Constant）、结构（Structure）和连线（Line）等。在图 1-15 中有 3 个接线端子、两个函数和两个常量。

在 LabVIEW 的函数选板中包含了大量的结构、数据类型、定时函数、数学算法、各个硬件驱动和已安装的工具包等。在编程时可以选择所需函数，放置在窗口内，并用连线连接起来，以实现所需的功能。

打开函数选板有两种方式，一是在程序框图的菜单栏中单击"查看"按钮，在下拉菜单中选择"函数选板"；另一种方式是在程序框图的窗口内空白处用鼠标右键单击。打开的"函数选板"对话框，如图 1-16 所示。

函数选板也可以像控件选板一样改变大小、位置和展开等。界面默认为"编程"子选板。下面简单介绍该选板，其他选板的内容在相关章节中介绍。

1）结构。包含程序控制结构命令，提供循环、条件、顺序结构、公式节点、全局变量和结构变量等编程要素。

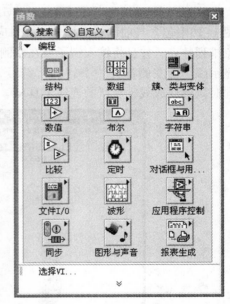

图 1-16　"函数选板"对话框

2）数组。包含数组运算函数、数组转换函数、常数数组等。

3）簇、类与变体。包含簇的处理函数等。提供各种捆绑、解除捆绑、创建簇数组、索引与捆绑簇数组、簇和数组之间的转换以及变体属性设置等功能。

4）数值。数学运算、标准数学函数、各种常量和数据类型变换以及各种数值常数等。

5）文件 I/O。包含处理文件输入/输出的程序和函数。

6）布尔。包含各种布尔运算函数、布尔常量等。

7）字符串。包含各种字符串操作函数、数值与字符串之间的转换函数以及字符（串）

常量数等。

8）比较。包含数字量、布尔量和字符串变量之间比较运算功能的函数等。

9）定时。包含时间计数器、时间延迟、获取时间日期和设置时间标识常量等。

10）对话框与用户界面。包含各种按钮对话框、简单错误处理、颜色盒常量、菜单、游标和简单的帮助信息等。

11）波形。包含创建波形、提取波形，数/模转换和模/数转换等处理工具。

12）应用程序控制。包括动态调用 VI、标准可执行程序等功能的函数。

13）同步。包含提供通知器操作、队列操作、信号量和首次调用等功能的工具。

14）图形与声音。包含声音、图形和图片等功能模块。

15）报表生成。包含提供生成各种报表和简易打印 VI 前面板或说明信息等功能模块。

2. 程序框图的编辑

1）在前面板切换到"程序框图"的方法主要有：

① 通过菜单栏的"窗口"下拉菜单选择"显示程序框图"。

② 使用〈Ctrl + E〉组合键，实现前面板与程序框图之间的切换。

③ 选中前面板上的任意控件，双击鼠标左键。

打开"前面板程序框图编辑 . vi"，切换到"程序框图"窗口，如图 1 – 17 所示。图 1–16 中包含与前面板上控件一一对应的端子，同样使用〈对齐〉、〈分布〉键，把所有对象排列整齐，并且将输入端子放在左侧，显示端子放在右侧。观察发现，输入端子的右侧和显示端子的左侧都有一个"△"符号，当将鼠标移动到该位置时，会出现一个接线端子，同时鼠标变成线轴形状的连线工具 。

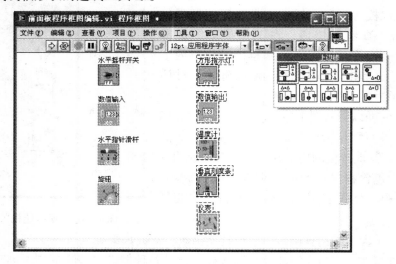

图 1–17 "程序框图"窗口

在程序框图中，要实现一定功能，光有接线端子是不够的，还需要放置相关的函数。比如在本例子中，放一个加法运算函数。加法运算函数的位置在函数选板→编程→数值里面。打开数值子选板，把"加法"函数拖放到程序框图面板上。加法函数有两个输入和一个输出端子，使用时，这三个端子必须都连接使用。

对该函数的使用如有疑问，可以查看它的帮助信息。

2）查看帮助信息的方法主要有：

① 在前面板和程序框图窗口的右上角，即工具栏的右侧有个问号，是即时帮助开关，单击这个按键，可以通过该键打开或关闭"即时帮助"对话框，如图 1-18 所示。

② 也可以使用使用〈Ctrl + H〉组合键打开或关闭。"即时帮助"对话框。

要想详细了解该节点，可单击窗口内的"详细帮助信息"，打开"LabVIEW 帮助"窗口，如图 1-19 所示；还可以单击在"即时帮助"对话框左下角的 3 个按键：▦该按键可以隐藏或显示可选连线端口的解释；🔒该按键可以锁定当前即时帮助窗口所显示的内容，使其不会因为鼠标的移动而改变其显示的内容；❓该按键用于打开 LabVIEW 的帮助文档，查看当前显示内容的详细帮助文档。

图 1-18 "即时帮助"对话框

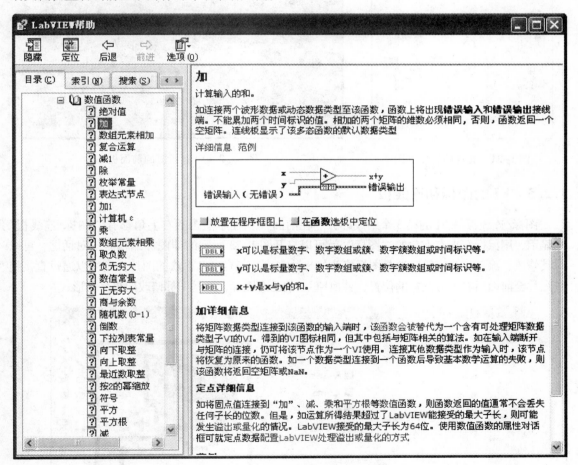

图 1-19 "LabVIEW 帮助"窗口

在一个接线端子的连接点单击鼠标左键移动鼠标，会出现一条虚线。将鼠标移动到下一个连接点，再单击鼠标，虚线就会变成实线，这样就完成了一个连接。如果需要转弯，那么只需要在转弯处单击一下鼠标即可，如图 1–20 所示。以此方法连接所有连接，把输入控件与显示控件直接或者通过运算函数相连，完成的程序框图如图 1–21 所示。

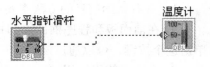

图 1–20　编辑连线

完成所有连接，切换至前面板，保存文件后，单击工具条上的连续运行键。鼠标操作输入控件，改变输入控件的数据，观察显示控件，会看到与它连接的显示控件数据跟随输入的变化而变化。VI 运行时的前面板如图 1–22所示。

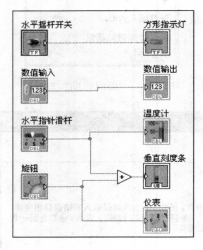

图 1–21　完成的程序框图

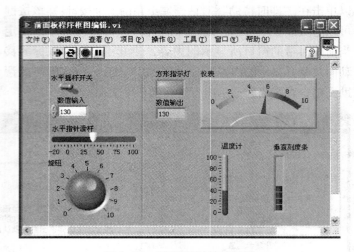

图 1–22　VI 运行时的前面板

1.2.5　VI 的图标和连线板

图标/连线板是 VI 的第 3 个组成部分。在前面板和程序框图的右上角都有"图标/连线板"的显示，用鼠标双击右上角的"图标"就可以打开图 1–23 所示的"图标编辑器"对话框，可以对其修改、涂色、写字等。这是图标修改的一种方式。若有自己喜欢的图片，则可以通过直接拖拉图片至前面板右上方图标的位置，替换掉 VI 的已有图标，这是图标修改的另一种形式。

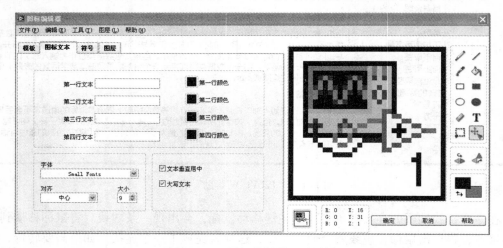

图 1–23　"图标编辑器"对话框

连线板是 LabVIEW 的一个编程接口，为子 VI 定义输入、输出端口和这些端口的连接线端类型。当调用子 VI 节点时，子 VI 输入端子接收从外部控件或其他对象传输到各端子的数据，经子 VI 内部处理后又从子 VI 输出端子输出结果，传送给子 VI 外部显示控件，或作为输入数据传送给后面的程序。

用鼠标右键单击前面板"连线板"的位置（连线板定义如图 1-24 所示），可以打开快捷菜单，对该连线板进行模式选择、添加/删除端子等操作。端口的模式里面提供了多种端子数量和排列方式，如果模式中没有需要的类型，就可以通过添加/删除端子来修改。

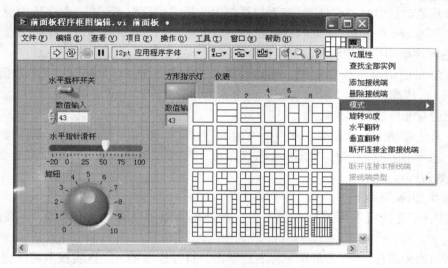

图 1-24　连线板定义

若要定义某个连线端口与某个前面板的控件相关联，则可用鼠标单击连线板上的某个端口，再单击待选的控件即可。

一般情况下，VI 只有设置了连接器端口才能作为子 VI 使用，如果不对其进行设置，则调用的只是一个独立的 VI 程序，而不能改变其输入参数，也不能显示或传输其运行结果。

如希望编写的 VI 有如图所示的端口形式，则修改某端口的定义，就可以将当前 VI 的接口定义变为必需的（粗体），或推荐的（普通字体），或可选的（灰色字体）。

1.3　任务3　创建 VI

1.3.1　创建一个简单的 VI

下面，以一个简单的温度转换 VI 为例来介绍创建 VI 的步骤。

【例 1-1】要求：实现将摄氏温度转换为华氏温度的功能，并在前面板显示摄氏温度和华氏温度。

操作步骤如下。

1）用鼠标双击计算机桌面上的 LabVIEW 图标，打开 LabVIEW。

2）在启动界面里面选择选择左侧"新建"下的"VI"，新建一个 VI。

3）在前面板上放置数型输入控件，用来输入待转换的摄氏温度；放置数值显示控件，用来显示转换结果。

① 展开"新式"面板，选择其中的"数值控件"，展开数值控件面板。分别选择数值输入控件和数值输出控件，放在前面板上，为了形象起见，再放一个"温度计"，用来指示华氏温度。

② 用鼠标双击数值输入控件上面的文本"数值1"，将其修改为"摄氏温度C"，用同样方法把数值输入控件文本修改为"华氏温度F"，把温度计的量程更改为"-50～200"。

③ 打开菜单栏中的"文件"，在下拉菜单中选择"保存"，选择一个合适的位置，将程序命名为"Convert C to F"，此时在标题栏中就会显示"Convert C to F.vi前面板"。

4）在程序框图中实现转换功能，即华氏温度=摄氏温度×1.8+32。

① 从前面板切换至程序框图，然后打开函数选板，选择"编程"→"数值"，展开"数值面板"，选择其中的"乘"、"加"两个函数，放置在程序框图窗口内。

② 把所有元件连接起来。

③ 在乘法和加法的输入端各有一个空闲的连接点，需加一个常数。把鼠标移动到空闲的连接点上，单击鼠标右键，出现一个快捷菜单，选择"创建→常量"（如图1-25所示），然后输入数值即可。

5）编辑图标/连线板。

① 在图标/连线板上用鼠标右键单击，在弹出菜单中选择"编辑图标"，在图标上绘"CtoF"文字。

② 在前面板图标/连线板处用鼠标右键单击，打开连线板，在连线板上用鼠标右键单击选择端口模式。由于该VI中有一个输入变量和一个输出变量，所以选择端口的数目为两个的模式即可。用鼠标单击连线板左侧矩形框，然后再单击"摄氏温度℃"控件，就完成了输入端的链接。用同样方法，把输出端子与"华氏温度F"连接起来。编辑好的连接器如图1-26所示。

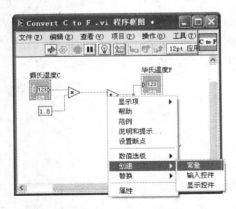

图1-25　创建→常量

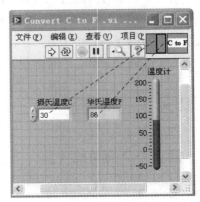

图1-26　编辑好的连接器

6）完成程序框图编写后，保存程序为"Convert C to F.vi"，然后切换到前面板。在数值输入控件中输入待转换的摄氏温度数值，比如30℃，然后，单击工具栏中的"运行"键，观察输出数值控件的变化和温度计控件的变化。运行结果图1-15中左边的前面板图。

7）输入不同的温度值，并验算计算结果。

1.3.2　子 VI 的创建和调用

　　与文本编程语言中所说的主程序、子程序类似，VI 也有主 VI 和子 VI，在编写它们过程中没有什么本质差别，只是被调用的 VI 称为子 VI，而调用者称为主 VI。

　　上例中创建的温度转换 VI，就可以作为子 VI 被其他 VI 调用。一般情况下，子 VI 要进行图标/连线板的编辑，尤其是连线板。这样才能实现主 VI 与子 VI 之间的数据传递。如果没有数据传递，只是调用子 VI 执行，就可以不进行连接器编辑。图标编辑是为了在程序框图中能够明显区分各个子 VI。

　　创建子 VI 的另一个方法是，在现有的 VI 中选定程序框图中的一部分内容作为子 VI，如图 1-27 中的虚线部分所示。在"编辑"的下拉菜单中选择"创建子 VI"，虚线部分就变成了一个图标。用鼠标双击该图标，打开子 VI，可对其进行编辑、重命名等操作。

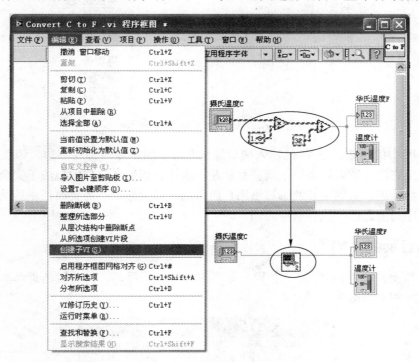

图 1-27　创建子 VI 的另一个方法

1.4　任务 4　数据流和运行及调试 VI

1.4.1　数据流

　　LabVIEW 作为一种通用的编程语言，与其他文本编程语言一样，它的数据操作是最基本的操作。LabVIEW 是用"数据流"的运行方式来控制 VI 程序，数据流是 LabVIEW 的生命，运行程序就是将所有输入端口上的数据通过一系列节点送到目的端口。

下面通过一个例子来介绍数据流思想。打开前面创建的 VI "Convert C to F . vi"，单击程序框图中高亮按键，然后单击运行按键，在程序框图中可以看到"小气泡"向后移动，这就是数据一步步地向后传递。

在 LabVIEW 的程序框图中，任意一个函数、子 VI 等都可称为一个节点，每个节点都有自己的输入端和输出端。所谓的数据流思想的重点在于，对于一个节点，只有当它所有的输入端口的数据都准备好以后，程序才会进入它内部执行其功能，然后将结果送至输出端口。如果有某个输入端口的数据因为一些算法，数据准备上有延时，那么该节点就会处于等待状态，直到数据送来以后，才进入其内部执行相关的算法。

在图 1-28 所示的 Convert C to F. vi 框图中，乘法和加法分别为一个节点，在乘法完成之前，它无法将乘法的结果传递给加法的输入端口，所以加法必然是在乘法完成之后才进行的。

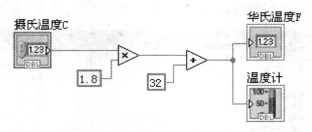

图 1-28　Convert C to F . vi 框图

LabVIEW 中的函数、子 VI 的输入端口都在左边，输出端口都在右边，编程的整个的方向也是从左至右的，所以好像数据流就是从左至右执行程序。这样的想法不完全正确，正确理解和使用数据流，可以更好的编写出用户所需功能的程序，不需要添加一些结构，就可以控制各个程序功能之前的执行顺序。

1.4.2　运行及调试 VI

首先按照图 1-29 所示创建一个 VI，命名为"调试练习 . vi"，功能是实现两个数据 x、y 的加法、减法和乘法运算。

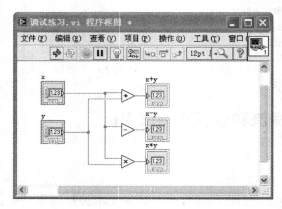

图 1-29　调试练习 . vi

1. 找出语法错误

在编写 VI 的过程中，工具栏中的运行按钮有时为完整的箭头，有时箭头断开，如图1-29所示，即为断开状态。此时 VI 程序存在语法错误，程序不能被执行。单击这个断开的键，就会弹出"错误列表"对话框，如图1-30所示。该对话框提示错误原因和警告信息。单击其中任何一个所列出的错误，选择对话框下方的"显示错误"，就会回到程序框图，且错误的对象上或端口就会变成高亮，此处"减法运算"变成高亮，错误原因是一个输入端子没有连接。把它连接到数据 y，工具栏中的运行按钮就变为完整的箭头。

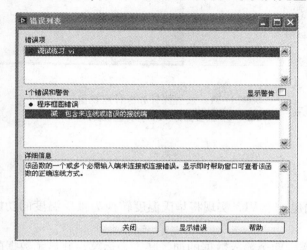

图1-30 "错误列表"对话框

2. 高亮执行程序

在 LabVIEW 的工具条上有"高亮执行程序"键，单击这个键使它变成高亮形式，再单击"运行"按钮，VI 程序就以较慢的速度运行，没有被执行的代码显示灰色，执行后的代码显示高亮，并显示数据流线上的数据值，如图1-31所示，可以根据数据的流动状态跟踪程序的执行。

3. 断点与单步执行

为了查找程序中的逻辑错误，有时希望流程图程序一个节点接一个节点地被执行。使用断点工具可以在程序的某一地点中止程序执行，用探针或者单步方式查看数据。当使用断点工具时，单击希望设置或者清除断点的地方。断点的显示是，对于节点或者图框表示为红框，对于连线表示为红点。当 VI 程序运行到断点被设置处时，程序被暂停在将要执行的节点上，以闪烁表示。按下"单步执行"按钮，闪烁的节点被执行，下一个将要执行的节点变为闪烁，指示它将被执行。也可以单击"暂停"按钮，这样程序将连续执行，直到下一个断点为止。

4. 探针

可用探针工具来查看当流程图程序流经某一根连接线时的数据值。放置探针可从工具选板选择探针工具，再用鼠标左键单击希望放置探针的连接线；在流程图中使用选择工具或连线工具，在连线上单击鼠标右键，在连线的弹出式菜单中选择"探针"命令，同样可以为该连线加上一个探针。

在图 1-31a 中数据 y 的连线上，放置探针 1，弹出图 1-31b 所示的探针监视窗口。在窗口中显示该探针位置、值、更新时间等信息。

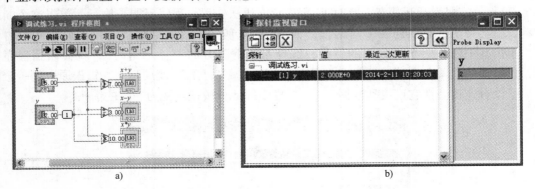

a)

b)

图 1-31　放置探针和探针监视窗口

a）放置探针　b）探针监视窗口

1.5　思考题

1. 参考例 1-1 创建一个 VI，实现将华氏温度转换为摄氏温度的功能，并在前面板显示摄氏温度和华氏温度。

2. 创建一个 VI 实现两个输入数据的加、减、乘运算，并显示数据的和、差与乘积。

项目 2　认识 LabVIEW 中的数据类型

LabVIEW 数据大致被分为标量类（单元素）、结构类（包括一个以上的元素）两大类。标量类有数值、字符和布尔量等，结构类有数组、簇和波形等。LabVIEW 数据控件模板将各种类似的数据类型集中在一个子模板上以便于使用。

LabVIEW 用颜色和连线来表示各类数据。表 2-1 给出了几种常用的数据类型的端子图标及其颜色，更多的类型将在后面介绍。连线是程序设计中较为复杂的问题，程序框图上的每一个对象都带有自己的连线端子，连线将构成对象之间的数据通道。因为这不是几何意义上的连线，所以并非任意两个端子间都可连线，连线类似于普通程序中的变量。数据单向流动，从源端口向一个或多个目的端口流动。不同的线型代表不同的数据类型。表 2-2 给出了几种常用数据类型所对应的颜色和线型。

表 2-1　几种常用的数据类型的端子图标及其颜色

数据类型	数值型		布尔量	字符串	路径	数组	簇
端子图标	数值 1.23 DBL	数值 1.23 I 32	T F	abc	Path	i 123 k	
图标颜色	浮点数橙色	整数蓝色	绿色	粉色	青色	随成员变	棕或粉红

表 2-2　几种常用数据类型所对应的颜色和线型

类　型	颜　色	标　量	一维数组	二维数组
整形数	蓝色			
浮点数	橙色			
逻辑量	绿色			
字符串	粉色			
文件路径	青色			

2.1　任务 1　字符串型数据操作

2.1.1　认识控件与函数选板

在控件选板→新式中，包含"字符串与路径"子选板，如图 2-1 所示。字符串（String）是 LabVIEW 中一种基本的数据类型；路径是一种特殊的字符串，专门用于对文件路径的处理。字符串型与路径子选板中共有 3 种对象供用户选择，即字符串输入/显示、组合框和文件路径输入/显示。

在程序框图的函数选板中，也有关于字符串的运算函数。"字符串"函数子选板如图2-2所示。

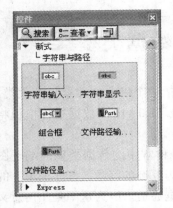

图2-1 "字符串与路径"子选板

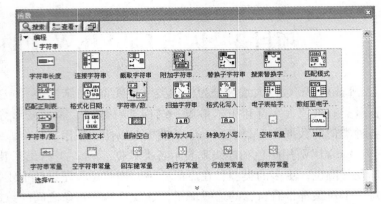

图2-2 "字符串"函数子选板

路径控件用于输入或返回文件或目录的地址。路径控件与字符串控件的工作原理类似，但LabVIEW会根据用户使用操作平台的标准句法将路径按一定格式处理。

组合框控件可用来创建一个字符串列表，在前面板上可按次序循环浏览该列表。在字符串控件中最常用的是字符串输入和字符串显示两个控件。在默认情况下创建的字符串输入与显示控件是单行的，长度固定。

图2-3所示是一个字符串输入、一个字符串显示的简单的字符串操作。

图2-3 简单的字符串操作

2.1.2 字符串的显示方式

字符串控件用于输入和显示各种字符串。用鼠标右键单击字符串控件，在弹出的快捷菜单中，关于定义字符串的显示方式有以下4种。

1）正常显示。字符串控件在默认情况下为正常显示状态，显示字符的一般形式，在字符串中可以直接输入〈Enter〉或〈空格〉键，系统自动根据键盘动作为字符串创建隐藏的'\'形式的转义控制字符。

2）\代码显示。有些字符具有特殊含义或无法显示，如〈Enter〉键等，可使用'\'转义代码表示出来。如"\n"为换行符。该显示方式适用于串口通信等。

3）密码显示。当制作登入窗口时，密码行需要使用该显示方式。

4）十六进制显示。在一些设备交互数据或者读写文件时，需要使用十六进制的方式显示其中的数据。

图2-4所示是输入图示字符串后不同显示方式的对比。

22

图 2-4 输入图示字符串后不同显示方式的对比

2.1.3 日期时间的显示

创建一个字符串显示控件，要求程序运行后显示系统当前的日期和时间。

日期/时间字符串程序框图如图 2-5 所示。当时间格式字符串为空的时候，显示的是系统当前的日期和时间，查看帮助信息可以获得日期/时间的其他相关信息。

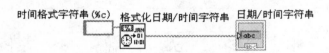

图 2-5 日期/时间字符串程序框图

其他字符串函数，结合帮助信息，将在后面用到时再进行介绍。

2.2 任务2 数值型数据操作

2.2.1 认识控件与函数选板

数值型（Numeric）是 LabVIEW 的一种基本的数据类型，可以是浮点数、整数、无符号整数和复数。新式的数值型控件包含了各种形象的输入控件和显示控件，如图 2-6 所示。数值输入控件快捷菜单如图 2-7 所示。

数值运算相关函数在数值子选板中，"数值"子选板如图 2-8 所示。在函数选板的"编程"子选板和"数学"子选板中都可以找到。数值子选板包含了加减乘除等基本运算函数，还包含了一些常量。图中的"数学与科学常量"中有 Ⅱ、自然对数等。数值运算函数支持标量和数组的运算。

图 2-6　新式的数值型控件

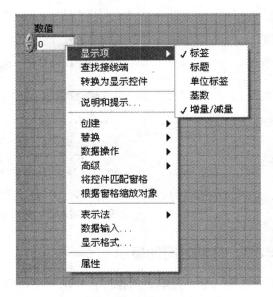

图 2-7　数值输入控件快捷菜单

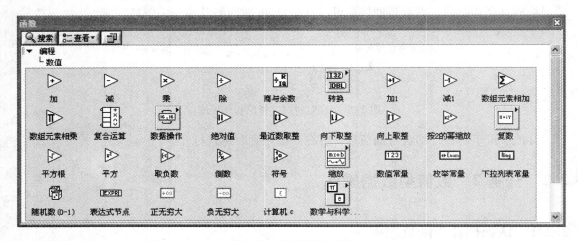

图 2-8　"数值子选板"

2.2.2　数值属性

　　数值控件中的"数值输入控件"比较常用，图 2-9 所示是"数值输入控件属性"对话框。选择其中的选项，可对该控件进行一些操作和设置。"显示项"包含标签、标题、单位标签、增量/减量几个选项。默认勾选标签为可见和"显示增量/减量按钮"，如图所示控件上的"数值"就是它的标签、空件右侧的上下箭头就是增量/减量，去掉勾选就不再显示该部分。在图 2-7 所示中选择"查找接线端"就会切换当程序框图的对应接线端子上；"数据操作"用来进行数据的复制粘贴等以及设置初始化默认值、当前值为默认值。选择"属性",可以打开属性窗口,通过该窗口对数值外观、数据类型、数据输入和显示格式等属性进行设置,还可添加说明信息、进行数据绑定和设置快捷键等,如图 2-8 所示。

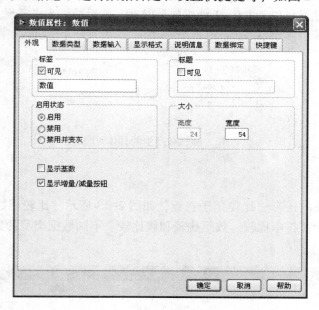

图 2-9 "数值输入控件属性"对话框

2.2.3 数值表示法

在 LabVIEW 中的数值型的表示方法有多种,用鼠标右键单击数值控件或接线端子,在弹出的快捷菜单里选择"表示法",可以看到数据类选项如图 2-10 所示。默认的数值类型是双精度浮点数(DBL),颜色为橙色。各类型数据的数据长度是不相同的。

需要注意的是,在数值运算过程中应尽量做到数据类型保持一致,否则会有强制类型转换点出现,强制转换是将低精度的数值转换为高精度数值再进行计算,运算中的强制类型转换点如图 2-11 所示。当中的"数值"为双精度浮点数,而"数值 2"为整数,在进行加法运算时,在数值 2 的接入端有一个红点,即为强制转换点。有强制类型转换点,就有内存的重新分配,就会占用一定的资源,所以要尽量避免。

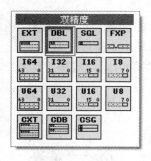

图 2-10 数据类型选项

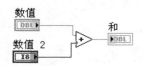

图 2-11 运算中的强制类型转换点

2.2.4　用随机数产出模拟温度

运用数值函数产生一个 20±5 的随机整数，用该随机数可以模拟某时刻室内温度的变化情况。

分析：±5 的随机数可以考虑 0－1 随机数乘以 10，然后减去 5 来实现。随机数产生的具体 VI 实现如图 2-12 所示，多次单击运行或者连续运行，会发现结果随机数在指定范围的变化。

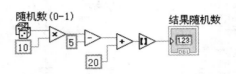

图 2-12　随机数产生的具体 VI 实现

2.2.5　比较函数

与数值运算相关的还有"比较"子选板，如图 2-13 所示。比较函数选板可以进行数值比较、布尔值比较、字符串比较、数组比较和簇比较。不同数据类型的数据在进行比较时适用的规则不同。

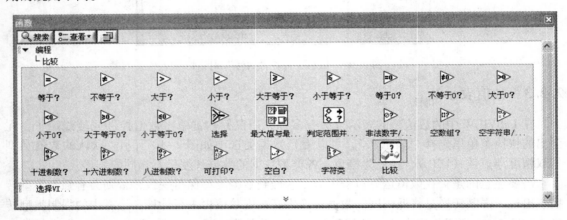

图 2-13　"比较函数"子选板

2.2.6　温度的比较与警示

综合应用数值型数据、字符串和比较函数，接上面的任务，产生的温度随机数与 21℃比较，当高于 21℃时，文本显示为温度偏高，否则文本显示为温度正常。

两种状态的温度比较编程实现如图 2-14 所示。多次单击运行或连续运行，可以查看温度情况显示栏的结果变化。

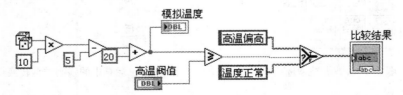

图 2-14　两种状态的温度比较编程实现

可以进一步深入上述任务，考虑两个阀值的比较情况：将温度低于18℃记为低温警报，高于21℃设置为高温警报。

该问题实际上有3种情况，即高温警报、低温警报和正常，可以考虑用两个选择函数实现。3种状态的温度比较编程实现如图2-15所示。多次单击运行或连续运行，可以查看结果变化。

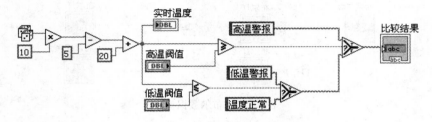

图2-15　3种状态的温度比较编程实现

2.3　任务3　布尔型数据操作

2.3.1　认识控件与函数选板

布尔（Boolean）控件代表一个布尔值，也可认为是逻辑变量，取值只能是真（True）或假（False）。这两个值分别用一个字节来表示，当该字节所有的数值为0的时候，值为假，否则，值为真。"布尔"型控件选板如图2-16所示，包括各种开关、按钮和指示灯等。布尔函数选板包含在函数选板中的布尔子选板中，如图2-17所示，包含了与、或和非等常用函数。与数值运算类似，布尔量的算法也可以支持标量和数组的运算。

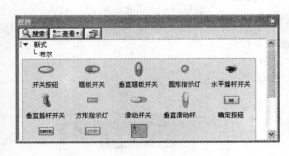

图2-16　"布尔"型控件选板

图2-17　布尔函数选板

2.3.2　机械动作

在布尔型输入控件中，一共有6种机械动作。机械动作的选择在快捷菜单中，用鼠标右键单击布尔控件，选择"机械动作"选项，如图2-18所示。

不同的机械动作模拟了不同种类的开关。第1行是转换型的，如电灯的开关；第2行是触发型的，松手后开关恢复

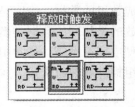

图2-18　"机械动作"选项图

原位。按列来看，第1列是按下后立刻执行动作；第2列是按下松手后才执行动作；第3列是按下执行动作，松手后又恢复原位。

2.3.3 简单的布尔操作

简单的布尔数据操作如图2-19所示。比较布尔开关和布尔常量控制布尔灯的异同。

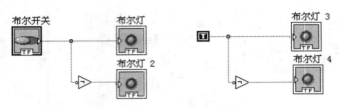

图2-19　布尔数据操作

2.3.4 温度报警程序设计

对应上述问题，如果温度出现报警情况时，亮红色警示灯，否则亮绿灯。

本问题涉及两个情况，对应布尔灯的真和假，真的时候设置布尔灯颜色属性为红色，假的时候为绿色。高温警报和低温警报两种情况用与函数连接，温度报警的编程实现如图2-20所示。多次单击运行或连续运行，可以查看结果变化。

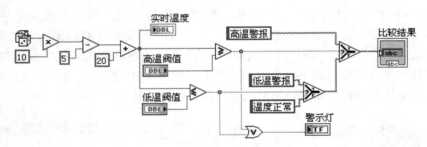

图2-20　温度报警的编程实现

2.4 任务4 数组和簇操作

2.4.1 认识控件与函数选板

数组控件在"数组、矩阵与簇"选板中，如图2-21所示。数组（Array）由元素和维度组成。元素是组成数组的数据，维度是指数组的长度、深度。数组中存放的是相同的数据类型，可以是数值型，也可以是布尔型或字符型等，最常用的是数值型的数组。可以创建数组控件和数组常量。

图2-21　"数组、矩阵与簇"选板

2.4.2 创建数组

在控件选板中选择如数值、字符串、布尔量等控件，将其拖放到之前的数组外框中，得到一个一维数组。创建数组如图2-22所示。图2-22a所示是放置一个双精度的由数值控件构成的一维数组。

若需要创建的是二维数组，如图2-22b所示，则只需要通过上下拖拉的方式，在左侧索引部分即可得到所需维数的数组。图2-22b所示得到的是一个二维数组，图2-22b所示是程序框图中接线板的状况。

在程序框图中，标量的连线是一条细线，一维数组是较粗的实心线，二维数组的连线是由两根细线组成的，如图2-22c所示。除了可以创建数值型数组，还可以创建字符串型和布尔型数组。

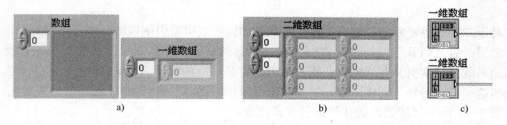

图2-22 创建数组

a) 一维数组 b) 二维数组 c) 程序框图中接线板的状况

对于数组的相关运算，其实在查看其他数据类型的例程时应有所接触。对数组可以进行加减乘除的运算，此外，还可以索引某个元素、索引某行/某列、测量数组维度，重新组成新数组等。图2-23所示是"数组"的函数选板。

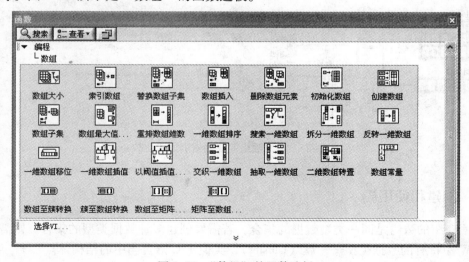

图2-23 "数组"的函数选板

2.4.3 数组的大小和索引运算

图2-24所示是一维数组函数的综合运用，即创建数组、使用数组函数，并在创建的数

组中进行数组大小运算和索引运算。

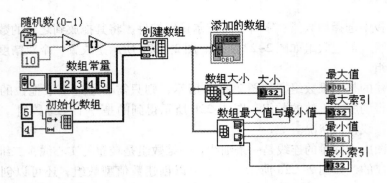

图 2-24　一维数组函数的综合运用

对于二维数组常常涉及索引，索引从 0 开始，函数中索引端口的顺序是先行后列，即先是行索引，后是列索引。如果行索引为空，只有列索引，那么索引的是对应的列，反之是行；如果既有行索引又有列索引，那么索引的将是对应的元素，图 2-25 所示的例子能很好地说明这一点。另外，创建一维、二维数组可以用后面将要讲到的 for 循环结构来实现。

图 2-25 所示二维数组的几种索引方式比较。

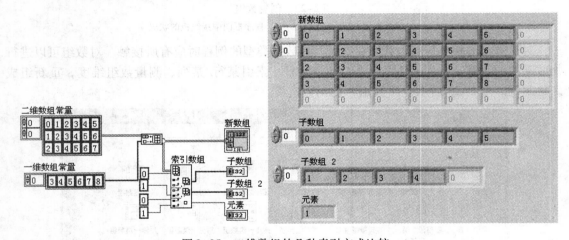

图 2-25　二维数组的几种索引方式比较

2.4.4　创建和使用簇

前面介绍的数组是同一类型数据的集合，若需要创建多种数据类型的集合，则需要使用 LabVIEW 中特有的数据类型——簇（Cluster），类似于 C 语言当中的结构体。

最常见的簇是 LabVIEW 中自带的错误簇。错误簇中包含有布尔量、数值和字符串。在编程时使用错误簇，可以将所有子 VI 以及函数的错误簇按照数据流向的先后连接起来，这样不仅可以将错误传递下去，而且方便找到对应的错误源，还可以控制程序的执行顺序。

虽然簇可以包含多种数据类型（比如，在簇中可以包含另一个簇），但是在同一个簇中只能包含输入控件或者显示控件，不可能同时包含输入/显示控件。簇的创建与数组类似，即将簇的外框拖放到前面板上。簇的创建方式如图 2-26 所示。

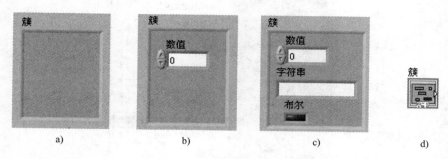

图 2-26　簇的创建方式

在簇中添加所需的元素，可创建一个新的簇。在程序框图中的接线端如图 2-26d 所示。如果需要簇的外框大小和其包含的元素大小相匹配，在簇控件上用鼠标右键单击，选择"自适应大小"（size to fit），就可以得到调整后的簇的外貌，并且会根据新修改的元素分布自动修改其外框大小。

簇的函数选板如图 2-27 所示。最常用的 4 个选项是，按名称捆绑，捆绑，按名称解除捆绑和解除捆绑。

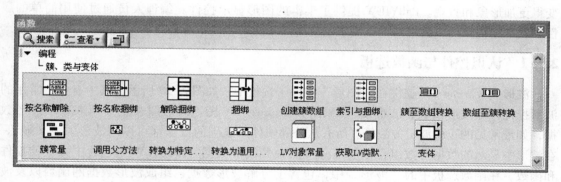

图 2-27　簇的函数选板

当有大量的数据需要传递的时候，若数据类型一致，则推荐使用数组将数据整合在一起；若数据类型有多种，则推荐使用簇将各种数据捆绑在一起，然后再进行传递。

2.4.5　簇的编号与排序

在创建一个簇时，LabVIEW 会按照簇中元素创建的先后次序给簇中的元素进行默认编号。编号从 0 开始，依次为 1、2、…。当然，也可根据编程需要自己定义元素的编号。在簇框架用鼠标右键单击弹出的选单中，选择重新排序簇中的控件，如图 2-28 所示，LabVIEW 的前面板会变为元素顺序编辑器，在编辑器中用鼠标单击元素的编号，即可改变元素的编号，其余编号依次轮回。在编辑完所有编号后，用鼠标单击工具条上的"OK"按钮确定。

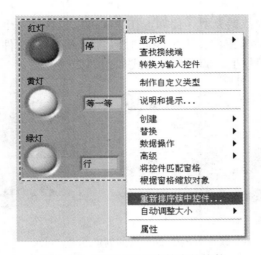

图 2-28   选择重新排序簇中的控件

2.5   任务 5   波形数据操作

强大的数据图形化显示功能是 LabVIEW 最大的优点之一。利用图形与图表等形式来显示测试数据和分析结果,可以直观地看出被测试对象的变化趋势,从而使虚拟仪器的前面板变得更加形象和直观。LabVIEW 提供了丰富的图形显示控件。编程人员通过使用简单的属性设置和编程技巧,就可以根据需求定制不同功能的"显示屏幕"。

2.5.1   认识控件与函数选板

波形(Waveform)控件在"图形"控件子选板中,如图 2-29 所示。其中有 4 个常用的波形控件,即波形图表、波形图、XY 图和 Express XY 图。波形图表主要用来显示波形数据,如最常见的正弦波、方波等。所有从外部硬件采集到的数据都可以用波形图表来显示。在波形中显示的数据有数组、标量(一个点)和波形数据。LabVIEW 中包含了大量的控件和函数,在函数选板中的"波形"中,包含了分解波形数据、组成波形数据的函数以及波形分析和波形文件保存。波形数据分析函数如图 2-30 所示。

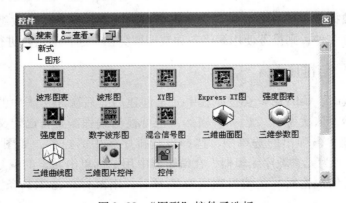

图 2-29   "图形"控件子选板

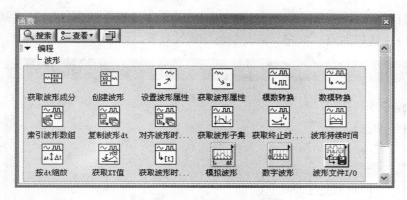

图 2-30 波形数据分析函数

2.5.2 波形图表

波形图表是一个图形控件，使用波形图表可以将新获取的数据添加到原图形中去。波形图表的坐标可以是线性或是对数分布的，其横坐标表示数据序号，纵坐标表示数据值。在波形图表控件的右键快捷菜单中，有着丰富的内容。其中显示项中包含有图表标签、标尺和辅助组件等。

在一个波形图表中可以显示多条曲线。对于二维数组，在波形图表中默认情况下它将输入数组转置，即把生成数组的每一列数据当做一条一维数组来生成曲线。图 2-31a 所示为 2 行、6 列数组，默认为两个点的 6 条曲线；数组转置后，变成 6 个点的两条曲线。对应程序框图如图 2-32b 所示。曲线上加点的方法是，用鼠标右键单击波形图标，选择"属性"，在

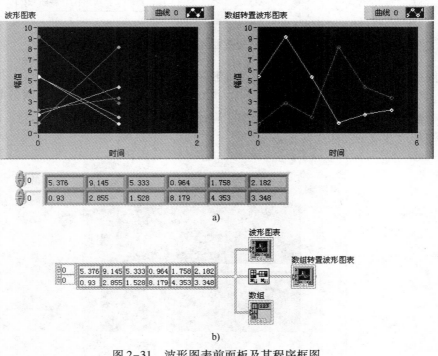

图 2-31 波形图表前面板及其程序框图

a）波形图表前面板 b）波形图表程序框图

打开的属性对话框上选择"曲线"，打开图 2-32 所示"设置曲线属性"对话框。可以对曲线 0、曲线 1……进行加点、填充、修改颜色等属性设置。

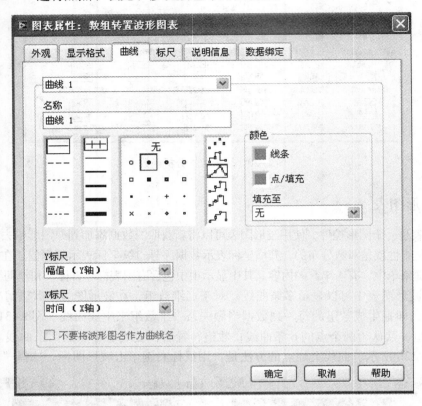

图 2-32 "设置曲线属性"对话框

　　波形图表的曲线可以进行分格显示，如图 2-33 所示。把右上角的"图例"拖拽，出现"曲线 0"、"曲线 1"。在曲线显示区用鼠标右键单击，选择"分格显示"，两条曲线就分别显示在两个窗口中。对图例每个曲线波形的 Y 标尺幅度可以单独进行设置，使不同大小的曲线都能清晰地在波形图表中显示。

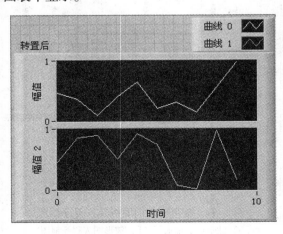

图 2-33 波形图表分格显示

如果要在一个波形图表绘制多条曲线，就需要用捆绑函数的方法将两个数据捆绑成一个簇，然后连接到波形图表中。

2.5.3 波形图

尽管"波形图"和"波形图表"在外观及很多附件功能上相似，但对比"波形图表"，"波形图"不能输入标量数据，也不具备数字显示和历史数据查看功能；当输入二维数组时，默认为输入数组不转置。

"波形图"在显示时先清空历史数据，然后将传递给它的数据一次绘制成曲线显示出来。在自动刻度下，它的横坐标初始值恒为0，终值等于数据量；在固定刻度下，横坐标在程序运行时保持固定，用户可以根据要求设置横坐标的初始值和终值。此外，应用波形图控件的游标图例功能，可以在波形记录后方便地查询曲线上任意曲线点的坐标值或采样点值。与"波形图表"一样，"波形图"的输入数据可以是一维数组、二维数组和波形数据。不同的是"波形图表"不能输入标量数据，但可以输入由3个元素组成的簇数组。

当输入数据为一维数组时，应用波形图功能可直接根据输入的一维数组数据绘制一条曲线，波形图如图2-34所示，还可以为波形图添加时间。

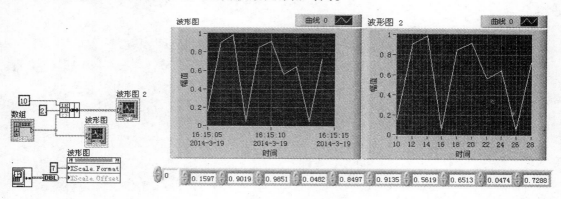

图2-34　波形图

"波形图表"在已有采集数据的基础上不断更新显示新的输入数据，适用于实时检测数据波形。而"波形图"属于事后记录波形数据的图表，适用于事后数据的分析。

2.5.4 XY图

在显示均匀波形数据时通常使用波形图，其横轴默认为采样点序号，纵轴默认为测量数值，这是一种理想情况。但在大多数情况下，绘制非均匀采样数据或封闭曲线图时无法使用波形图。因此，当数据以不规则的时间间隔出现或当要根据两个相互依赖的变量（如Y/X）时，就需要使用XY图，即笛卡儿图。它可以绘制多值函数曲线，如圆和双曲线等。XY图也是波形图的一种，它需要同时输入X轴和Y轴的数据，X、Y之间相互联系，不要求X坐标等间距，且通过编程能方便地绘制任意曲线。与波形图类似，XY图也是一次性完成波形的显示刷新。

当X数组、Y数组的长度不一致时，在XY图中将以长度较短的数据组为参考，而长度较长的数据组多出来的数据将在图中无法显示。在使用XY图来绘制曲线时，需要注意数据类型的转换。

2.6 思考题

1. 用 0 ～ 100 的随机数代替摄氏温度，将每 500 ms 采集的温度变化波形表示出来，并设定上限为 85，下限为 45，温度高于上限或者低于下限分别点亮对应的指示灯，并将其上下限也一并在波形中表示出来。

2. 生成一个 0 ～ 100 的随机整数，与 60 比较，大于等于 60 记为通过，绿灯亮；小于 60 记为不及格，红灯亮；将比较结果捆绑后放在一个簇里显示。

项目 3　应用结构设计程序

同其他的文本语言一样，LabVIEW 中也有各种结构。LabVIEW 中的结构主要有 While 循环、For 循环、顺序结构和条件结构和事件结构等。选择函数选板→编程→结构，打开结构子选板，如图 3-1 所示。

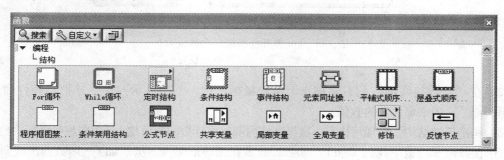

图 3-1　结构子选板

3.1　任务 1　应用 For 循环编写 VI

3.1.1　设计循环计数器

1. For 循环结构

在结构子选板中找到 For 循环，用鼠标左键单击，移动鼠标到程序框图上，找到合适位置，按下鼠标左键，定位框体的左上角，然后移动鼠标。此时可以看到随鼠标移动而变化的矩形虚线框。释放鼠标左键，就出现一个 For 循环结构，如图 3-2 所示。

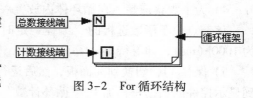

图 3-2　For 循环结构

For 循环由循环框架、总数接线端和计数接线端 3 部分组成。当将鼠标移动到循环体的边框时，会出现一个显示框，显示"For 循环"字样。当将鼠标移动到总数接线端 N 位置时，会显示"循环总数"，在这里输入要循环的次数。循环次数为正整数，因此 N 为蓝色。在默认的情况下确立了 For 循环执行的次数，一旦开始执行后，只有达到输入的循环次数才能终止其运行。也可以给 N 输入 0 值，此时不会执行该循环中的内容。当将鼠标移动到计数接线端 i 位置时，会显示"循环计数"，表示它是一个循环计数器 i。计数由 0 开始计数，第一次循环结束，i 计数为 0，之后依次加 1，一直记到 $i = N - 1$。

2. 设计循环计数器

要求：应用 For 循环设计循环计数器。设置"循环总数"为 5，观察"循环计数"的输出，并记录循环次数。

步骤：

1）新建一个 VI，在程序框图窗口放置一个 For 循环。在"总数接线端"的左端单击鼠标右键，创建常量，并将循环次数设为 5，如图 3-3 所示。

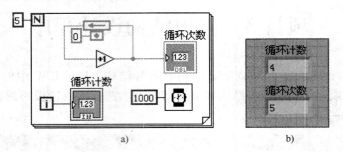

图 3-3　For 循环与将循环次数设为 5
a）For 循环　b）将循环次数设为 5

2）在"计数接线端"的右侧端点上单击鼠标右键，创建显示控件，并把该控件命名为"循环计数"，用来显示 i 的数值。

3）构造反馈结构，实现每执行一次循环体内部程序计数的数值加 1，用来观察循环次数。

① 在数值子选板中找到"加 1"函数，放置在循环框架内。从"加 1"函数输出端向输入端连线，形成反馈结构，这时会自动出现反馈节点。反馈节点由两部分组成，分别为初始化端子 ◙ 和反馈节点箭头 ⟸，该箭头方向可以向左或向右，与它连线上数据的实际方向一致。

② 对初始化端子，可以在循环体内输入初始化数据，也可以移动到框架的边缘，从循环体外部输入初始化数据。这里采用前者，将初始数据设为 0。如果不进行初始化，程序就会以上次运行 VI 时的最终值为初始值。

③ 在"加 1"节点的输出端单击鼠标右键，创建显示控件，并命名为"循环次数"。

4）为了观察清楚，在循环体内放置一个"等待"节点，使得 For 循环每运行一次等待 1 s。该节点位于函数选板的"编程→定时"子选板内，功能是等待指定的毫秒数，因此设为 1000（ms），即等待 1 s。

5）保存 VI，切换到前面板，然后运行 VI，观察两个数值控件数据的变化情况。可以看到显示控件的数据每秒加 1，"循环计数"从 0 递增到 4、"循环次数"从 1 增加到 5。

从运行结果可以看出，For 循环的循环次数由循环总数 N 决定；循环计数器从 0 开始计数，计到 $N-1$ 时 For 循环停止。

3.1.2　利用 For 循环创建二维数组

1. For 循环中的自动索引

自动索引的功能是使循环框外面的数组成员逐个进入循环框内，或使循环框内的数据累加成一个数组输出到循环框外面。For 循环的索引可通过鼠标右键单击循环边框的数据通道来启动和关闭，For 循环默认开启自动索引功能。例如，在循环框外创建一个一维常量数组如图 3-4a 所示。把它连线到 For 循环边框，边框上出现空心小方框，即自动索引隧道，将鼠标移动这里就会出现"自动索引隧道"字样。在循环框里放置数值显示控件"循环框内的数值"，观察发现，连线在框外为粗线，框内变成细线，说明框内数据为标量。此时运行，数据1、2、3、4依次被读进框内。

在这个For循环里，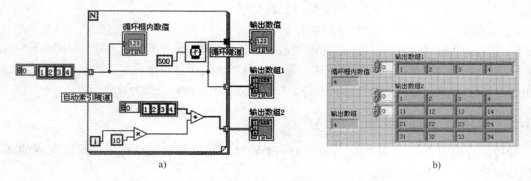上没有连接数据依然没有报错，这是因为该常量数组的数据依次被取出，数组有几个数据，For循环就运行几次。在这种情况下，可以不设循环总数。

图3-4 For循环中的自动索引功能

a) 在循环框外创建一个一维数组 b) 运行结果

把从外部得到的数据通过两路送到循环框外，第一路在空心小方框处用鼠标右键单击，在弹出的快捷菜单中选择"禁用索引"，小方框变成实心。将鼠标移动到此处显示"循环隧道"，表示索引功能关闭。禁用自动索引后，框内外数据类型相同。再把一个一维常量数组放在循环框内，输出到框外，变成二维数组，运行结果如图3-4b所示。

可见启用自动索引后，循环框内的标量数据在循环框外变成一维数组；循环框内一维数组在循环框外就变成二维数组，因此通过自动索引可改变数组维度。

2. 创建二维数组

要求：利用两个嵌套的For循环，创建一个4行、5列的二维数组，数组如下。

```
 1  2  3  4  5
11 12 13 14 15
21 22 23 24 25
31 32 33 34 35
```

步骤：

1）新建一个VI，在程序框图窗口工作区放置两个嵌套的For循环，如图3-5a所示，把循环总数内层设为5，外层设为4。

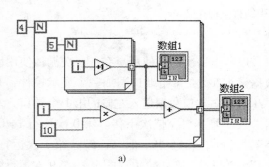

图3-5 利用For循环创建二维数组

a) 放置两个嵌套的For循环 b) 运行结果

2）把内层的计数接线端子的输出加 1 后，连接到循环体的边框上，在循环隧道上单击鼠标右键创建显示控件"数组 1"，用来显示生成的一维数组。

3）把外层循环的计数接线端子乘 10 后，与内层输出的一维数组相加，送到循环体外，并创建一个显示控件"数组 2"，用来显示二维数组。

4）保存 VI，命名为"创建二维数组"。

5）运行该 VI，观察结果，如图 3-5b 所示。图 3-5a 所示为程序框图，图 3-5b 所示为前面板。从运行结果看到，数组 1 和数组 2 两个数组，其中数组 1 是一维数组，数组 2 是二维数组。数组 2 有 4 行、5 列。可见，外层循环总数为数组行数，内层循环总数为数组列数。

3.1.3 移位寄存器的使用

移位寄存器是 LabVIEW 循环结构中的一个附加对象，其功能是将当前循环完成的某个数据传递给下一个循环开始。

在 For 循环的左边框或右边框上用鼠标右键单击，打开快捷菜单，选择"添加移位寄存器"。此时左右边框各出现一个黑色移位寄存器端口，如图 3-6a 所示。右边端口存储档次循环结束时的数据，下次循环开始时，该数据传递给左边端口。

一般来说，移位寄存器可以存储任何类型的数据，但是连接在同一个寄存器两个端子上的数据必须是同一类型的。将图 3-6a 中右侧端口与 For 循环的计数端子相连，如图 3-6b 所示，左右两个寄存器端口即便为蓝色，表示存储整型数据。

在使用移位寄存器之前，可对寄存器进行初始化，即在左侧寄存器端口连接一个常量作为初始值。如果不进行初始化，首次运行，就把"0"作为初始值；非首次运行，则把上次运行的数据作为初始值。

为了存储多次循环的数据，可以在寄存器的左端添加端口。方法是在端口上用鼠标右键单击，打开的菜单中选择"添加元素"或"删除元素"来改变移位寄存器的位数，如图 3-6c 所示。

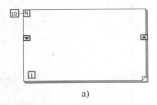
a)
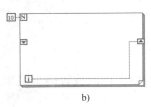
b)
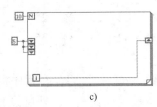
c)

图 3-6 For 循环中的移位寄存器
a）添加移位寄存器　b）寄存器赋值　c）初始化与添加端口

移位寄存器用来将本次循环的数据存储下来，以备下一次循环使用。在下一次循环使用以后，其中的数据被新的数据所覆盖。把初始化数据设为 5，在每个端口添加一个显示控件，并放置一个探针，程序框图如图 3-7a 所示。运行 VI 时，右端口数据送入左侧的第 1 个端口，左侧数据按照三角箭头的方向传递，1 号端口数据送入 2 号端口，依次下传。第 0 次运行 i＝0，"0"被送给右侧端口，左侧 3 个端口被赋值"5"，运行结果为"0，5，5，5"；第 1 次运行，数据为"1，0，5，5"；第 2 次结果"2，1，0，5"，第 3 次"3，2，1，0"……第 9 次运行结果如图 3-7b 所示。

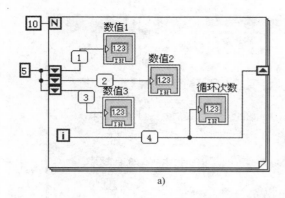

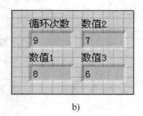

图 3-7 移位寄存器

a）程序框图   b）第 9 次运行结果

3.2 任务 2 应用 While 循环设计 VI

3.2.1 设计复数运算 VI

1. While 循环结构

While 循环也在函数选板的结构子选板中，放置方法与 For 循环相同，功能结构也与 For 循环类似。While 循环由循环框架、循环计数端子 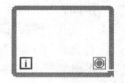、条件端子◎ 3 个部分组成，如图 3-8 所示。While 循环无固定的运行次数，当满足停止条件时，循环停止。循环计数端子 i 由 0 开始计数，也就是说第一次循环结束，i 计数为 0，之后依次累加 1。条件端子需要输入一个布尔量，否则程序无法运行。默认状态◎是指

图 3-8 While 循环组成

当条件输入为真（True）时，循环停止。单击条件端子，它会变为◲，此时条件输入为假（False）时，循环停止。

2. 设计复数运算 VI

要求：设计 VI 实现复数运算代数式与指数式的互相转换。

该任务中要用到"复数"和"数学与科学常量"两个子选板。这两个子选板都在数值子选板中，分别如图 3-9 和图 3-10 所示。

图 3-9 "复数"子选板

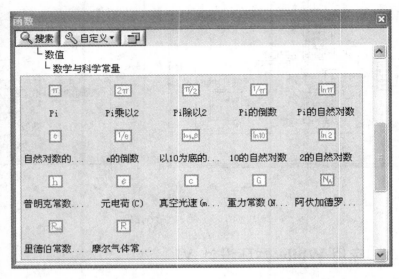

图 3-10 "数学与科学常量"子选板

步骤:

1) 新建一个 VI, 在程序框图上放置一个 While 循环, 在条件停止端子上创建一个输入控件, 用来停止该循环, 程序框图如图 3-11 所示。

2) 实现把复数的极坐标式转换成代数式。

① 首先在 While 循环内放置"极坐标至复制转换"函数, 该函数第 1 个输入端为"模", 在该端子上创建输入控件, 把默认标签"r"修改成"模"。

②"极坐标至复制转换"函数的第 2 个输入端子为"幅角", 要求输入量为"弧度"单位。一般幅角单位是"角度", 因此要先把角度乘上 π、除以 180, 转化成弧度, 再送到该输入端。

③ 在"极坐标至复制转换"函数输出端创建一个显示控件, 命名为"复数代数式", 并在该控件属性里将"精度位数"设置为小数点后两位。完成的程序为图 3-11 中虚线上的程序代码。

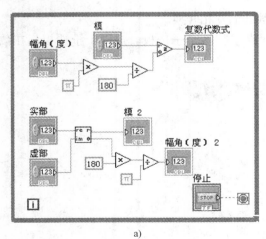

a)   b)

图 3-11 复数运算 VI

a) 程序框图 b) 运行结果

3）实现把复数的代数式转换成极坐标式，如图 3-11 中虚线下面的程序代码。

① 首先放置"实部虚部至复数转换"函数，该函数第 1 个输入端为"实部"，第 2 个输入端为"虚部"。

② 该函数的第 1 个输出端为"模"，第 2 个输出端为"幅角"，单位是弧度，要把它变成角度再输出。在每个数值显示控件的属性中，把数值显示控件的"精度位数"设置为小数点后两位。

4）运行该 VI。

① 在模和幅角输入控件分别输入 5 和 36.87，观察代数式输出为 4 + 3i。

② 在实部和虚部输入控件分别输入 4 和 3，得到的模是 5，幅角是 36.87°。

3.2.2 设计温度转换与报警 VI

要求：将温度测量输入为摄氏温度，调用在"1.3 任务 3 创建 VI"中创建的"Convert C to F . vi"，把摄氏温度转换成华氏温度。当温度超过华氏 200℃时，点亮指示灯，并停止运行 VI。

步骤：

1）新建一个 VI，命名为"温度转换与报警 . vi"。

2）编辑前面板。

① 在前面板控件选板的"新式→数值"中找到"垂直指针滑动杆"，拖放到前面板上，在滑动杆上用鼠标右键单击，在弹出的快捷菜单中，选择"显示项→数字显示"，如图 3-12 所示。把滑动杆的标签修改为"摄氏温度℃"，刻度范围修改为 -50 ～ 150。

② 同样方法拖放一个温度计，标签修改为"华氏温度℉"，范围修改为 -100 ～ 300，并勾选"显示数字"。

③ 在控件选板的"新式→布尔"中找到"圆形指示灯"，拖放到前面板上，将标签修改为"高温报警"。

编辑好的温度转换与报警前面板如图 3-13 所示。

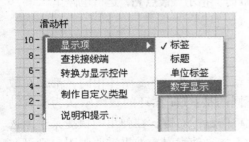

图 3-12　选择"显示项→数字显示"

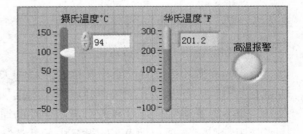

图 3-13　温度转换与报警前面板

3）编辑程序框图。

① 根据要求，可选择 While 循环，放置在程序框图中，把前面板的 3 个控件对应的接线端子放置在 While 循环内。

② 打开函数选板，选择"选择 VI"，弹出图 3-14b 所示的"选择需打开的 VI"对话框，选择其中的"Convert C to F . vi"，然后确定。这时在程序框图上就会出现 Convert C to F . vi 的图标，此时，Convert C to F . vi 作为该程序的子 VI 被调用。这个子 VI 的图标有一个输入

端子和一个输出端子，分别是"摄氏温度℃"和"华氏温度℉"，把它们与对应的接线端子连接起来。

a)

b)

图 3-14　选择 VI
a)"函数"对话框　b)"选择需打开的 VI"对话框

③ 把函数选板"编程→比较函数"中的"大于或等于"函数拖放在 While 循环内，第一个输入端连接"华氏温度℉"，在第二个端子上右键单击鼠标，创建常量，将数值修改为 200，输出端子连接到"高温报警"和 While 循环的条件停止端子上。温度转换报警程序框图如图 3-15 所示。

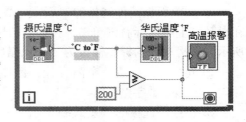

图 3-15　温度转换报警程序框图

4）运行 VI，在前面板用鼠标拖动滑动杆上的滑块，改变摄氏温度，观察数据变化。当华氏温度达到 200 时，指示灯被点亮，运行也停止。

3.2.3　设计循环累加器

1. While 循环与 For 循环比较

1）While 循环也有自动索引功能，开启和关闭自动索引方法与 For 循环相同，都是在数据隧道上用鼠标右键单击，选择开启或关闭选项。不同的是：For 循环的数组默认为能自动索引，如不需要索引，则可在数组进入循环的通道上单击鼠标右键，在弹出的快捷菜单上选择"禁用索引"选项；而 While 循环中的默认数组为不能自动索引，如果需要索引，则可在循环的通道上单击鼠标右键，在弹出的快捷菜单上选择"启用索引"选项。另外，在创建二维数组时，一般使用 For 循环而不使用 While 循环。

2）与 For 循环一样，While 循环也有移位寄存器，使用方法与 For 循环相同。

3）For 循环是在执行前检查是否符合条件，While 循环是在执行后检查条件端子。因此当 While 循环的条件端子停止条件为"真"时，也要执行一次，即 While 循环至少执行一次；而对于 For 循环，当总数接线端 $N = 0$ 时，不执行 For 循环内的程序。

4）在默认的情况下，在 For 循环的总数接线端 N 输入数值，来确定 For 循环执行的次数，一旦开始执行后，只有达到 N 次才能终止；在未达到循环总数 N 之前，不能从循环体内跳出。而 While 循环事先不设置循环次数，只要满足条件端子的停止条件，就停止循环，跳出循环体。

如果一定要用 For 循环实现满足条件就停止循环，那么只需在其边框上的任意位置用鼠标右键单击，在弹出的捷菜单里选择"条件接线端"，就可以看到循环总数 N 处出现一个红点，并且循环体内被自动放置了循环条件端子◉，与 While 循环一样，可用来实现满足停止条件，停止循环。

2. 设计循环累加器

要求：设计 VI 实现产生随机数，并进行累加，当累加和大于 10 或者累加 20 次时停止运行。

分析：从要求上看，应该使用 For 循环的条件停止。随机函数在数值子选板里面，其他函数不再赘述，程序框图如图 3-16a 所示。该 VI 每次运行会有不同结果，比如某一次运行循环 0 ～ 19，共 20 次，累加和为 8.41521，即停止运行；另一次运行循环 0 ～ 17，共 18 次，累加和为 10.4252，尽管没有循环 20 次，仍停止运行。

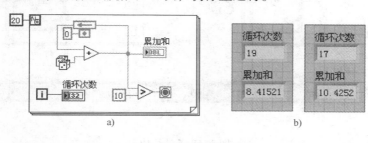

图 3-16　循环累加器
a）程序框图　b）运行结果

3.3　任务 3　应用条件结构设计 VI

3.3.1　设计数值选择输出 VI

1. 真假条件

在文本语言中有 if…else 语句、Switch 语句等，在 LabVIEW 中也有与之类似的结构—条件（Case）结构。当条件选择器上连接的是布尔量时，相当于 if…else 语句。在条件选择器上还可以连接其他数据类型，如数值、字符串、枚举型和错误簇等。

条件结构同样位于函数选板下的"结构"子选板中。与创建循环的方法相同，可用鼠标在程序框图上任意位置拖放任意大小的条件结构图框。条件结构由结构框架、条件选择端口、选择器标签、递增/递减箭头组成，如图 3-17 所示。图中的"真"和"假"为选择器值。默认情况下，条件结构有两个分支，即"真"与"假"。条件选择端口也叫做

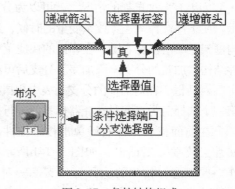

图 3-17　条件结构组成

分支选择器，默认为绿色，连接一个布尔量输入控件，用来选择执行"真"或"假"框中的程序。

条件结构一般可与 For 循环、While 循环配合使用。在图 3-17 中，如果条件为真，就执行"真"分支框架里面的程序；如果条件为假，就执行"假"分支框架里面的程序。

2. 设计数值选择输出 VI

要求：生成 10 个 0 ~ 10 的随机数，当随机数的数值大于等于 5 时取整；小于 5 时取值 5。然后把这 10 个数组成数组显示。

该任务比较简单，程序框图如图 3-18 所示。图 3-18a 所示为"真"分支，图 3-18b 所示为"假"分支，图 3-18c 所示为运行结果。运行结果显示，产生了一个 5 ~ 10 的随机数组成的一维数组。

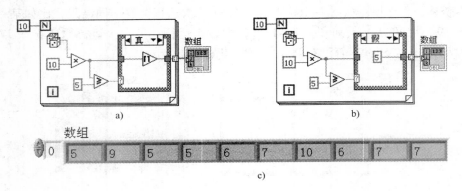

图 3-18 条件结构

a)"真"分支　b)"假"分支　c)运行结果

3.3.2　编写水果总价计算 VI

1. 多种选择条件

条件结构的所有输入端子，包括隧道和选择端子的数据对所有分支都可以通过连线使用，甚至不用连线也可使用。分支不一定要使用输入数据或提供输出数据，但是如果任一分支有输出数据，则其他所有的分支也必须在该数据通道有数据输出，否则将可能导致编程中的代码错误。

如果有多种选择的情况，就可以为分支选择器连接一个"枚举"输入控件，如图 3-19a 所示。在条件选择端连接枚举变量的时候，选择器的值变为"0"、"1"，对应两个分支。在条件结构框架上单击鼠标右键，在弹出的快捷菜单中选择"在后面添加分支"菜单项，用户就可以为条件结构添加新的分支。添加完新分支后可在快捷菜单中选择"重排分支"菜单项。打开"重排分支"对话框，在对话框的分支列表中用鼠标拖动列表项可以对分支重新排序。通常，排序按钮以第一个选择值为基准对选择器标签值进行排序。删除分支的操作与添加分支相同。

在前面板用鼠标右键单击枚举控件，在打开的快捷菜单中选择"编辑项"，打开"枚举属性：枚举"对话框，如图 3-14b 所示，可以在此对话框中进行添加项、删除项和排序操作。要注意，枚举的项要与分支一一对应，即选择枚举"0"，执行"0"分支框里的程序，项和分支不对应程序报错。

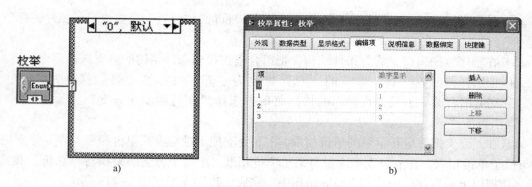

a)

b)

图 3-19　多分支条件结构

a）连接一个"枚举"输入控件　b）"枚举属性：枚举"对话框

2. 水果总价计算 VI

要求：列出 4 种水果，如苹果、香蕉、橙子和梨子。选择水果种类，输入重量，运行 VI，计算该种水果的总价。

步骤：

1）创建 VI，命名为"水果总价计算.vi"。

2）编辑前面板。

① 在控件选板的"新式"→"字符串与路径"子选板中找到组合框，拖放在前面板，并把标签修改为"水果种类"。用鼠标右键单击该控件，选择"编辑项"选项，打开如图 3-20 所示的"编辑项属性"对话框。在对话框中，勾选"值与项值匹配"复选项，则"值"与"项"一致（比如项为苹果，值自动为苹果）；将此复选项去掉勾选，则"项"与"值"就可以不同了（比如项为苹果，值为 a）。按照图 3-20 所示编辑，单击"确定"按钮，即可完成项的编辑。

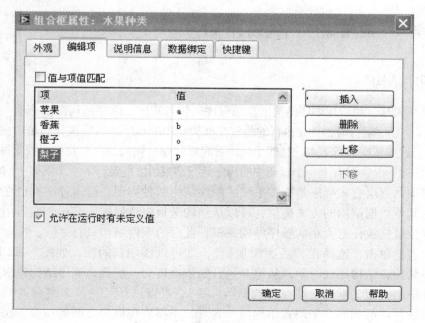

图 3-20　"组合框属性"对话框

② 在前面板放置一个数值输入控件，标签为"重量"；放置一个数值显示控件，标签为"总价"。

3）在程序框图窗口，放置条件结构，把组合框连接到条件结构的分支选择器上。

① 把选择器标签"真"默认的"真"修改为"a"，将标签"假"修改为"b"。在"b"分支上用右键单击用，在弹出的快捷菜单中选择"在后面添加分支"来添加"o"分支，同法添加"p"分支。

② 在 a 分支把重量与苹果的单价相乘，在 b 分支把重量与香蕉单价相乘，在 o 分支把重量与橙子单价相乘，在 p 分支把重量与梨子单价相乘。把每个分支的乘积与"总价"相连。

③ 把以上的程序代码放到 While 循环中，完成的程序框图如图 3-21a 所示。

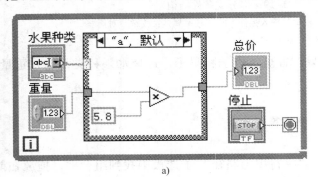

a)   b)

图 3-21　水果总价计算

a）程序框图　b）运行结果

4）运行 VI，在前面板组合框"水果种类"中选择一种水果（如苹果），选择框里面就会显示该种水果名称。再输入重量，"总价"显示控件中就会显示该水果的总价。

3.4　任务 4　应用顺序结构设计 VI

3.4.1　顺序结构

在 LabVIEW 中，可以用顺序结构来控制程序的执行顺序。顺序结构由多个框架组成，从框架 0 到框架 n。程序运行时，首先执行的是放在框架 0 中的程序，然后执行的是放在框架 1 中的程序，……，这样依次执行下去。这些子框图看起来就像一帧帧的电影胶片，因此每个框架称为一帧。在程序运行时，只有上一个框架中的程序运行结束后才能运行下一个框架中的程序。

顺序结构共有层叠式顺序结构和平铺式顺序结构两种类型，这两种结构也在结构子选板中。与创建其他数据结构的方法类似，可以从结构选板中选择顺序结构，然后用鼠标在程序框图上任意位置拖放任意大小的顺序结构图框，此时的顺序结构只有一帧。在顺序结构的边框上用鼠标右键单击，选择在"后面添加帧"，就可以添加新的帧，如图 3-22 所示。对于平铺式顺序结构，结构比较简单，从第 0 号开始依次排列；层叠式顺序结构每次只能看到一帧，与条件结构类似，框架上端有"选择器标签"，可以选择某一帧来察看该帧的程序。这两种类型选择器功能相同。平铺式结构简单直观，不需要在框架之间的切换；层叠式结构使程序简洁，节省视觉空间。在两种类型之间可以互相切换。

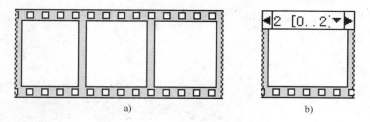

图 3-22 顺序结构
a）平铺式顺序结构 b）层叠式顺序结构

3.4.2 编写顺序点亮指示灯 VI

要求：用平铺式顺序结构编写 VI，实现红、黄、绿 3 个指示灯依次被点亮 3 s。

分析：用平铺式顺序结构，需要 3 帧，第 1 帧红灯亮，黄灯和绿灯灭；第 2 帧黄灯亮，红灯和绿灯灭；第 3 帧绿灯亮，红灯和黄灯灭。由于在 3 帧当中都要用到红、黄、绿 3 个指示灯，因此要用到变量。

1. 局部变量与全局变量

在 LabVIEW 环境中，各个对象之间传递数据的基本途径都是连线。但是当需要在几个同时运行的程序之间传递数据时，显然是不能通过连线的；即使在一个程序内部各部分之间传递数据时，有时也会遇到连线的困难；还有的时候，需要在程序中多个位置访问同一个前面板对象，甚至有些是对它写入数据，而有些是由它读出数据。在这些情况下，就需要使用全局变量和局部变量。在 LabVIEW 中的变量是程序框图中的元素，通过它可以在另一位置访问或存储数据。根据不同的变量类型，数据的实际位置也不一样，局部变量将数据存储在前面板的输入控件和显示控件中；全局变量将数据存储在特殊的可以通过多个 VI 访问的仓库中。局部变量的作用域是整个 VI，用于在单个 VI 中传输数据；全局变量的作用域是整台计算机，主要用在多个 VI 之间共享数据。

（1）局部变量

为控件创建局部变量的方法有两种，一是在已有控件对应的端子上用鼠标右键单击，从弹出的快捷菜单中选择"创建→局部变量"，如图 3-23 所示。这样就得到该对象的一个局部变量 ▶⚙数值 。另一种方法是选择"函数"选板→结构→局部变量，然后将其拖到框图上，得到一个图标 ▶⚙? 。用鼠标左键单击该图标，将其与框图中已有的变量建立关联。

局部变量和全局变量在函数选板位置如图 3-24 所示。局部变量可以是"写入"，也可以是"读取"。默认情况下为写入型，可以用鼠标右键单击图标，选择转换为读取。

局部变量只是原变量的一个数据复制品，但是可以对它的属性进行修改，并且这种改变不会影响原变量。局部变量有 3 种基本的用途，即控制初始化、协调控制功能、临时保存数据和传递数据。

（2）全局变量

全局变量是 LabVIEW 中一个与 VI 地位等同的模块，它以独立文件的形式保存在磁盘中，文件扩展名为 .gbl。通过全局变量，在不同 VI 之间可以交换数据。

创建全局变量的方法是，在函数选板的"结构→全局变量"中，将其图标拖到框图中，得到全局变量，图标为 ▶◆? 。用鼠标双击全局变量图标，打开其前面板，在该面板上放置所需要的变量，例如一个数值量、一个布尔量、一个字符串变量等，如图 3-25a 所示。保存这个变量，默认名称为"全局1.gbl"。至此，全局变量创建完备，下面就可以用调用子 VI 的方法调用这个全局变量了。

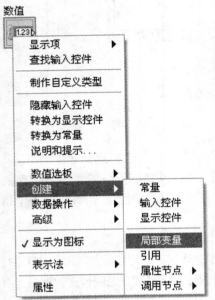

图 3-23 创建局部变量

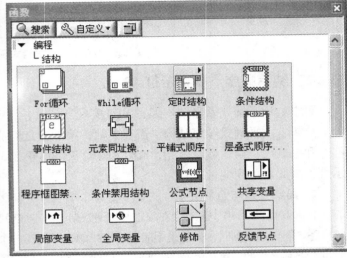

图 3-24 局部变量和全局变量在函数选板位置

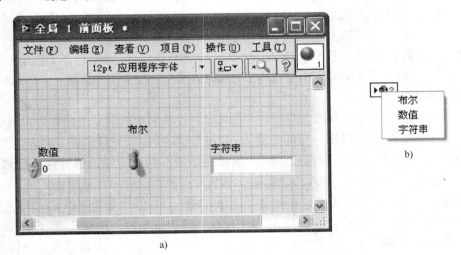

a)

图 3-25 创建和调用全局变量
a) 创建全局变量   b) 调用全局变量

在一个 VI 中调用全局变量的方法同调用子 VI 的方法，即在函数下选择"选择 VI"，然后打开所需的全局变量文件，如"全局1.gbl"。用鼠标左键单击全局变量图标，"全局1"中包含的 3 个变量就以列表形式出现，如图 3-15b 所示。如果选择其中的布尔，该变量就是"布尔"控件的全局变量 ▶⊗布尔 。

有时需要从全局变量中读数，有时需要向全局变量写数。这时可利用快捷菜单改变其属性。其方法是，用鼠标右键单击全局变量图标，选择"转换为读取"或"转换为写入"来改变读写方式。

全局变量不仅可以在不同 VI 间传递数据，而且可以传递消息，控制各 VI 的协调执行。它在程序设计中很有用。但无论是全局变量还是局部变量，若使用过多，则都会出现一些其他问题，必须引起注意：首先，从程序的静态结构上看，会使程序结构不直观，造成混乱；其次在程序运行过程中可能带来数据状态的竞态现象，这主要指因为全局变量作为一种可读可写的中间变量，应当严格控制读写的操作，最好是使它们处于"一写多读"的状态，否则可能会出现问题。

2. 程序设计

步骤：

1）把平铺式顺序结构拖放到工作区，在后面添加两个分支，顺序点亮指示灯的程序框图如图 3-26 所示。

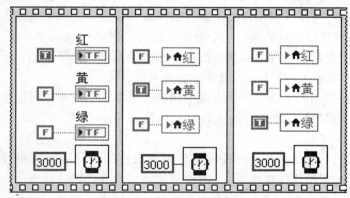

图 3-26　顺序点亮指示灯的程序框图

2）在第一个分支放置 3 个指示灯，分别为红、黄、绿。在红灯上用右键单击鼠标，创建一个常量，用鼠标单击一下改为真常量，为黄灯和绿灯分别创建一个假常量。

3）在指示灯上用右键单击用，分别创建红、黄、绿灯的局部变量，放置在第 2 帧中，并设置黄灯为真，红灯和绿灯为假；用同样方法在第 3 帧中，将红灯和黄灯设为假，绿灯设为真。

4）在每 1 帧中放置"等待（ms）"，并设置等待时间为 3 000 ms

5）在前面板，改变指示灯的颜色。指示灯默认点亮为亮绿色，熄灭为暗绿色，因此，需要修改一下红灯和黄灯。在红灯上用右键单击用，在弹出的快捷菜单中选择"属性"，打开属性对话框。在标签为"外观"选项界面，看到颜色属性中的"开"为亮绿色，单击该绿色方块，弹出颜色选择窗口，选择红色。再单击"关"按钮对应的色块，选择暗红色，然后单击"确定"按钮，即完成红灯颜色的设置。用同样方法设置黄灯的颜色。

6）运行程序，观察指示灯被点亮的过程。

3.5　任务 5　应用事件结构设计 VI

3.5.1　事件结构

在 LabVIEW 中另一个常用的结构就是事件结构（Events）。事件结构用来作为界面响应。当前面板上有数值变化、发生按键被按下等情况时，就触发事件结构中的对应帧，实现相应的功能。

事件结构避免了程序运行中不断地轮询前面板是否有用户交互事件发生的情况，而是在有事件发生时才做响应，减少了不必要的资源占用。所谓事件，是指对活动发生的异步通知。事件可以来自于用户界面、外部 I/O 或其他方式。用户界面事件包括鼠标单击、键盘按键等动作，外部 I/O 事件则指诸如数据采集完毕或发生错误时硬件触发器或定时器发出信号。

其他方式的事件可通过编程生成并与程序的不同部分进行通信。LabVIEW 支持用户界面事件和通过编程生成的事件，但不支持外部 I/O 事件。

LabVIEW 中的事件结构也是一种能改变数据流执行方式的一种结构，使用事件结构可以实现用户在前面板的操作（事件）与程序执行的互动。

一个标准的事件结构由框架、超时端子、事件数据节点、递增/递减按钮和事件结构组成，如图 3-27 所示。与条件结构相似，事件结构也可以由多层框架组成，但与条件结构不同的是，事件结构虽然每次只能运行一个框图，但可以同时响应几个事件。在事件结构中，"超时端子"用来设定超时时间，其接入数据是以毫秒为单位的整数值。当超时时间设置成"-1"时，表示永不超时，程序运行时就不会进入超时帧。

"事件数据节点"由若干个事件数据端子构成，数据端子的增减可以通过拖拉事件数据节点进行，也可以通过单击鼠标右键从弹出的快捷菜单中选择"添加/删除元素"选项进行。事件结构同样支持隧道。

动态事件结构的创建就需要使用注册事件节点来注册事件（指定事件结构中事件的事件源和事件类型的过程称为注册事件），再将结果输出到事件结构动态事件注册端子上。若要创建一个"事件动态注册端子"，则可以在事件结构框图上单击鼠标右键，在弹出的快捷菜单中选择"注册事件"选项即可，如图 3-28 所示。

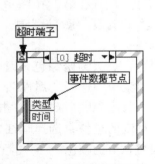

图 3-27　事件结构的组成

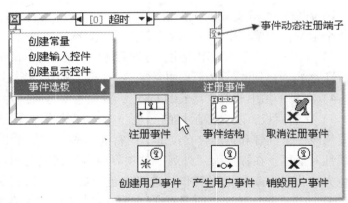

图 3-28　"注册事件"函数选板

3.5.2　编写指示灯状态控制 VI

要求：用事件结构设计指示灯状态控制程序，实现红、黄、绿 3 个灯依次点亮 1 s，循环执行；当按下〈暂停〉键时，3 个指示灯熄灭 3 s，然后继续顺序点亮；当按下〈停止〉键，停止运行 VI。

分析：该任务要求用事件结构，当程序运行且没有按下任何按钮时，使其处于超时帧；

当按下相应按钮时，执行相应的分支内容，因此该事件结构应该有 3 帧。根据要求，需要循环执行，按下停止按钮才停止运行，可以用 While 循环实现。

步骤：

1）新建 VI，把 While 循环拖放到工作区，事件结构拖放到 While 循环内，可设置超时为 20 ms。

2）在超时帧，按照上一节编写"顺序点亮指示灯 VI"的内容编写程序，将等待时间修改为 1 000 ms，指示灯状态控制 VI 程序框图如图 3-29 所示。

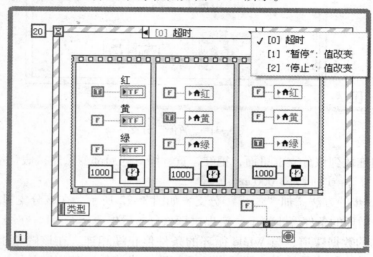

图 3-29　指示灯状态控制 VI 程序框图

3）放置一个确定按钮，按钮标签修改为"暂停"。在事件结构的边框上用右键单击鼠标，在弹出的快捷菜单中选择"添加事件分支"，就会弹出一个"编辑事件"对话框，如图 3-30 所示。在"事件源"里选择"暂停"，"事件"里选择"值改变"，然后单击"确定"按钮，返回到程序框图窗口，此时事件结构就多了一个"暂停"分支，如图 3-31 所示。

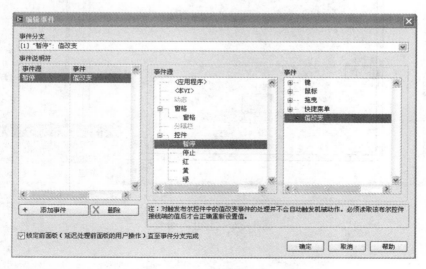

图 3-30　"编辑事件"对话框

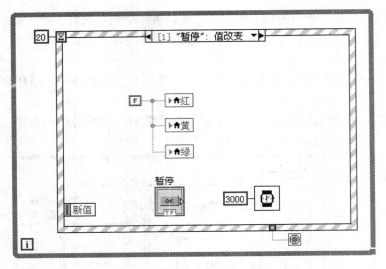

图 3-31 "暂停"分支

把暂停按钮拖放到该分支框里面，把红、黄、绿灯的局部变量连接假常量，并放置一个等待（ms），设置等待时间为 3 000 ms。

4）按照第 3 步的方法添加"停止"分支，如图 3-32 所示。在该分支里放一个真常量，并连接到 While 循环的条件停止端上，实现执行该分支后停止运行 VI。在图 3-32 中，真常量经过事件结构的数据隧道，与 While 循环的条件停止端相连。在该隧道上用鼠标右键单击，弹出快捷菜单。勾选菜单中的第一个选项，即"未连线时使用默认"，在默认情况下，隧道数值为"假"，因此在"超时帧"和"暂停帧"可以不连接假常量。

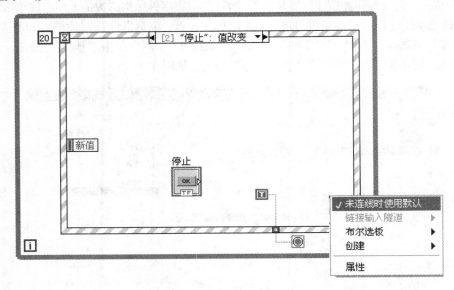

图 3-32 "停止"分支

3.6　思考题

1. 创建一个 VI，利用 For 循环产生一个 4 行、6 列的二维数组，数组元素为 10 ～ 20 的随机整数。

2. 利用 While 循环设计 VI，产生随机数并进行累加，当累加和大于 100 或按下"停止"按钮时，停止运行。

项目 4　数据的读写与存储

在 LabVIEW 程序设计中，常常需要调用外部文件数据（读操作），同时也需要将程序产生的结果数据存储至外部文件中（写操作），因此文件 I/O 操作是 LabVIEW 和外部交换数据的重要方式。文件 I/O 功能函数是一组功能强大、伸缩性强的文件处理工具。它们不仅可以读写数据，还可以移动、重命名文件与目录。

文件存储有 3 种常用的存储方式，一种是采用二进制字节流文件存储，另一种是采用 ASCII 码字节流文件存储，第 3 种是采用数据记录文件存储，这些都属于底层文件存储形式。

在 LabVIEW 中提供了多种数据存储的方式，可用鼠标右键单击程序框图空白处，路径为编程→文件 I/O。"文件 I/O" 函数选板如图 4-1 所示。

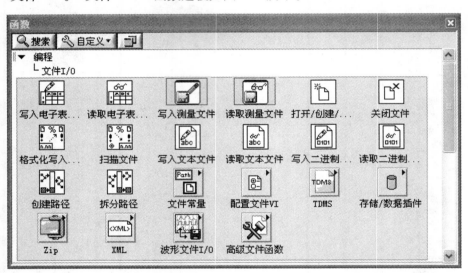

图 4-1　"文件 I/O" 函数选板

还有一类常用的文件是电子表格文件。初学者常用的保存方式是使用快速 VI。在文件 I/O 选板第一行的后两个 VI，一个是写入测量文件，一个是读取测量文件，可以使用这两个 VI 存储一维数组和两位数组的数据。存/取文件快速 VI 如图 4-2 所示。

图 4-2　存/取文件快速 VI

下面以文件存储为例介绍 LabVIEW 的基本编程思路。图 4-3所示为典型的文件 I/O 的 4 个操作步骤。

1）新建或打开文件。新建或打开一个指定路径下的文件。

2）文件读写操作。通常将这一部分的代码放在循环当中，持续对文件进行读写操作。

3）在结束文件操作以后，要关闭所有打开的资源。

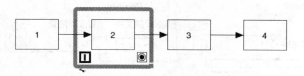

图 4-3　典型的文件 I/O 的 4 个操作步骤

1—打开文件　2—读/写文件　3—关闭文件　4—检查错误

4）使用错误处理机制。

4.1　任务 1　存取文本文件

文本文件是由若干行字符构成的计算机文件，根据文本存储方式的不同有多种格式，如 doc、txt 和 inf 等。文本文件通常所指的是能够被系统终端或简单的文本编辑器所接受的格式，可以认为这种文件是通用的、跨平台的，其中 ASCII 码是最为常见的编码标准。所以，文本文件又称为 ASCII 码文件或字符文件，它的每一个字节代表一个字符，存放的是这个字符的 ASCII 码。

文本文件具有适用于各种操作系统平台且不需要专门的编辑器就可以读写的优点，其不足在于：文本文件所占空间较大，比如存储一个浮点数 -123.45678，因为每个字符要占用一个字节，所以需要 10 个字节的空间；文本文件的存取数据过程中存在 ASCII 码与机器内码的转换，故存取数据的速度比较慢；另外，相对其他文件类型而言安全性差。

在 LabVIEW 中有写入文本文件和读取文本文件两种专门的文件 I/O 函数，如图 4-1 所示。图 4-4 所示是把一个 3 行 4 列的随机数组写入文本文件中，扩展名是 txt，当然，如果文件保存的扩展名取 xls，保存的文件将是电子表格文件，但并不影响数据结果。

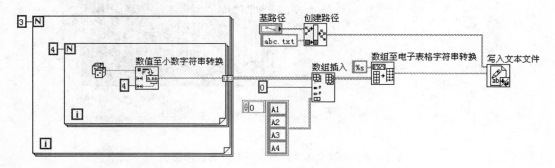

图 4-4　把一个 3 行 4 列的随机数组写入文本文件中

在实际使用过程中，常常需要将现有的数据添加到原有的文本文件中，具体方法是，打开文件后使用文件 I/O→高级文件函数子选板中的设置文件位置函数，将文件指针移动到文件尾，再写入数据，并关闭文件。添加文本文件数据如图 4-5 所示。

图 4-6 所示的是图 4-4 产生的读取文本文件数据的过程和波形图表。其中，在读取文本函数的计数端输入"-1"表示读取整个文件。值得注意的是，文本文件是字符串型数据

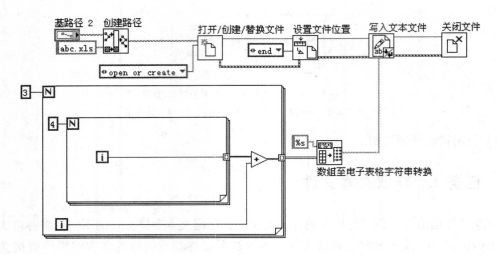

图4-5　添加文本文件数据

类型，需要添加字符串至字节数组转换函数，转换后的数据才能被波形图表显示。

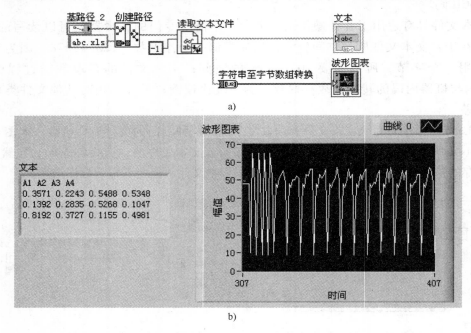

图4-6　读取文本文件数据的过程和波形图表

a）读取文本文件数据的过程　b）波形图表

4.2　任务2　存取二进制文件

二进制字节流格式是最紧凑、最快速地存储文件的格式，也是最基本的文件格式，是其他文件格式的基础。存储前，需要把数据转换成二进制字符串的格式，同时还必须清楚地知道在对文件读写数据时采用的是哪种数据格式。

写入（即存储）二进制文件如图 4-7 所示。首先打开一个文件，然后向文件中添加需要存储的数据，最后关闭文件。图 4-7 中所示的是例程"写入二进制文件"，目的是将设定的正弦波形数据写入二进制文件中，保存文件的扩展名为 dat。程序中使用了文件对话框函数，来自于"文件 I/O→高级文件函数"子选板，用于确定文件路径或目录。

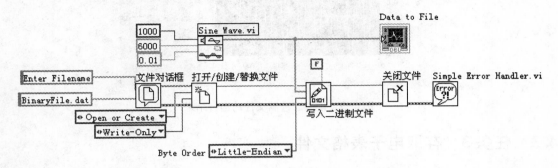

图 4-7　写入二进制文件

图 4-8 所示是例程"读取二进制文件"，在结构上与写入二进制文件类似，可以用来读取图 4-7 保存的二进制文件。程序中使用了"文件 I/O→高级文件函数"子选板中的拒绝访问函数，目的是重新打开引用句柄指定的文件类型，临时改变拒绝其他引用句柄、VI 或应用程序的读或写访问权限，有禁止读写（Deny Read/Write，默认）、只读（Deny Write–Only）和不禁止（Deny None）3 种可选择，程序中选择的是只读。读取二进制文件函数中数据类型（Data Type）设置端子用于读取二进制文件的数据类型，可以是数组、字符串或者包含数组或字符串的簇，本程序因为是读取图 4-7 所产生的数据，所以选取数据类型为 DBL，即数值型。值得注意的是，读取二进制文件函数将假定该数据类型的每个实例都包括大小信息，如果实例不包括大小信息，函数将无法解析数据；如果 LabVIEW 确定数据与类型不匹配，函数将把数据设置为指定类型的默认值并返回错误。所以程序中使用了获取文件大小函数（来自于"文件 I/O→高级文件函数"子选板），用读取文件的字节数（字节）除以数据大小，得到的结果就是以字节表示的文件大小。

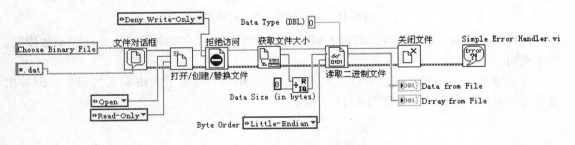

图 4-8　读取二进制文件

图 4-9 所示是读取图 4-7 产生的二进制文件的运行结果，其结果取决于存储文件的数据，所以不同时刻采集的数据可能并不相同。

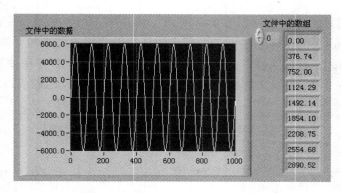

图4-9 读取二进制文件的运行结果

4.3 任务3 存取电子表格文件

电子表格文件是文本是文件的一种类型，但是比普通的文本文件内容更丰富，信息被格式化，增加了空格、换行等，易于被 Excel 等电子表格软件读取的特殊标记。"写入电子表格文件"函数的应用与"写入文本文件"函数的应用十分相似。它能直接写入一维或是二维的数据。

图4-10 所示是一个"写入电子表格文件"的例子，在目标位置写入了一个名为 data.xls 的电子表格文件。程序中格式端子默认为%.3f，其含义是 VI 可创建包含数字的字符串，小数点后有3位数字；如格式为%d，则 VI 可使数据转换为整数，使用尽可能多的字符包含整个数字；如格式为%s，则 VI 可复制输入字符串。

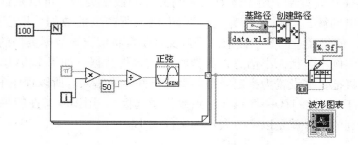

图4-10 写入电子表格文件的例子

打开保存的电子表格文件，即可看到数据，或者通过"读取电子表格文件"函数读取，结果相同。

在"波形"→"波形文件 I/O"子选板中，还有一个与电子表格相关的函数，即导出波形文件至电子表格文件，如图 4-11 所示。

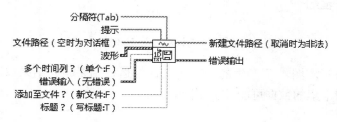

图4-11 导出波形文件至电子表格文件

图 4-12 所示是利用"写入电子表格文件"和导出波形文件至电子表格的对比，打开生成的电子表格文件 data. xls 和 data2. xls，如果待写入的是波形信息，那么显然 data2. xls 的内容更丰富，更能反映波形的数据信息。

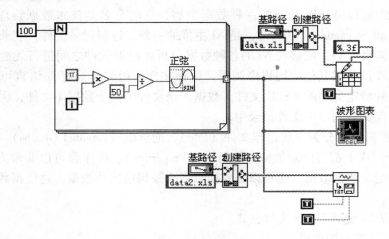

图 4-12　两种生成电子表格文件方式对比

4.4　任务 4　存取波形文件

波形数据是 LabVIEW 中一种特殊的数据结构。由于波形文件中包含了更多的信息，所以对波形数据的读写也是较为常见的操作。在"波形"→"波形文件 I/O"子选板中除了上面介绍的导出波形文件至电子表格文件函数，还有写入波形至文件函数和从文件读取波形函数两种。

写入波形至文件中如图 4-13 所示。图中所示是对产生的正弦波形进行写入的操作，通过获取日期/时间函数为模拟波形创建了波形生成时间。将生成的一维波形数据传递给写入波形至文件函数，存储为空间小、速度快的二进制文件（data. dat）。

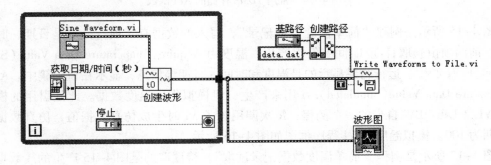

图 4-13　写入波形至文件

同图 4-12 一样，可以使用导出波形文件至电子表格文件，将产生的 data. dat 文件读取为电子表格文件，以获取波形的数据信息。

4.5 任务5 存取 TDMS 文件存储

TDMS 文件是 LabVIEW 特有的一种数据类型，它的全名是技术数据管理流（Technical Data Management Streaming，TDMS），是 NI 主推的一种二进制记录文件，它兼顾了高速、易存取和方便等多种优势，能够在 NI 的各种数据分析或挖掘软件之间进行无缝交互，也能够提供一系列 API 函数供其他应用程序调用。这种文件采用的是只有 G 语言可以访问的二进制格式，是一种特定类型的 ASCII 文件。数据记录文件类似于数据库文件，因为它可以把不同的数据类型存储到同一个文件记录中。

TDMS 的逻辑结构分为 3 层，即文件（File）、通道组（Channel Groups）和通道（Channels），每一个层次上都可以附加特定的属性（Properties）。程序员可以非常方便地使用这 3 个逻辑层次来定义测试数据，也可以任意检索各个逻辑层次的数据，这使得数据检索是有序和方便存取的。

基于以下原因使用 TDMS 文件格式。

1）存储测试或测量数据。

2）为数据分组创建新的数据结构。如按通道、按通道组来存储数据。

3）存储数据的信息。如时间、通道信息。

4）高速读写数据。

图 4-14 所示为常用 TDMS 存储的 API 函数，依旧包含了打开/关闭文件、读/写 VI、设置属性和读取属性 VI。使用这几个 VI 可以组成 TDMS 文件存储程序。

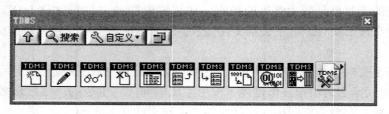

图 4-14　常用 TDMS 存储的 API 函数

图 4-15 所示是例程"简单温度数据记录"，写入的数据有 3 项，分别是日期、时间和温度。前两项由获取日期/时间字符串产生，温度由 Acquire Temperature Data Value（Simulated）.vi 子 VI 产生，运行结果显示的是温度和时间、日期等信息，显示在目标簇中。Acquire Temperature Data Value（Simulated）.vi 用来产生一组模拟华氏温度数据。此处引用的模拟温度子 VI 是 LabVIEW 自带的一个例程，每次调用该子 VI 时生成仿真数据值，仿真数据的重复周期为 100。模拟温度子 VI 程序框图如图 4-16 所示。

图 4-17 所示是例程"简单温度数据记录读取"，待读取的是图 4-15 产生的簇数据，该簇数据有 3 项，分别是日期、时间和温度，所以在打开/创建/替换数据记录文件函数的记录类型端子，需要将该输入端与匹配记录数据类型和簇顺序的簇连线；将拒绝访问函数设置为只读模式；通过读取数据记录文件读取结果显示的是温度和时间、日期等信息，显示在数据记录簇中。

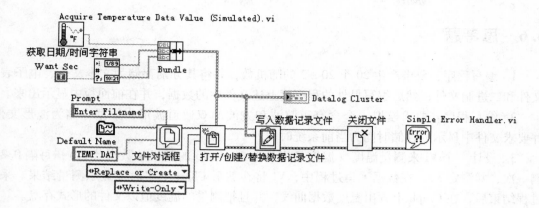

图 4-15 例程"简单温度数据记录"

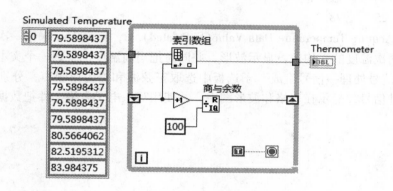

图 4-16 模拟温度子 VI 程序框图

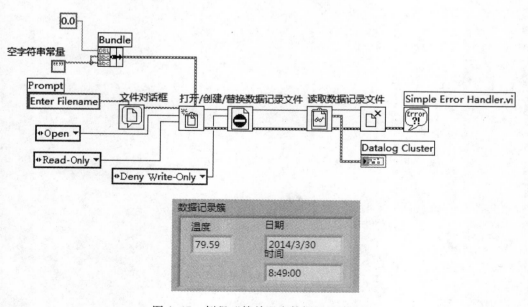

图 4-17 例程"简单温度数据记录读取"

4.6 思考题

1. 编写程序，要求产生 20 个 20±5 的随机数，并将其分别存储为文本文件、电子表格文件和二进制文件；然后编写另外的程序读上述文件中的数据，并在前面板中显示出来。

2. 编写程序，要求模拟一个含有正弦波和方波的双通道波形，数据存储为波形文件，并要求文件中显示的存储时间为当前系统时间。

3. 设计一个 VI 来测量温度（温度是用一个 20 ~ 40 的随机整数来代替），每隔 0.25 s 测一次，共测定 5 s。在数据采集过程中，VI 将在波形 Chart 上实时地显示测量结果。采集过程结束后，在 Graph 上画出温度数据曲线，并且把测量的温度值以文件的形式存盘。

存盘格式为

点数	时间/s	温度值/℃
1	0.25	78.2

4. 利用 Acquire Temperature Data Value(Simulated). vi，每 500 ms 采集一次温度，取当前温度和最后两次温度的平均值，显示波形，并同时把当前温度记录到一个文本文件中。

5. 从"信号处理→信号生成"子选板中选取正弦波和均匀白噪声，分别得到正弦、噪声和余弦 3 种信号，显示在表格和波形图中，并使用写入电子表格文件把数据保存下来。

项目 5　构成基础虚拟仪器系统

在前面的项目中，介绍了在虚拟仪器系统中起到举足轻重作用的软件核心——LabVIEW，本项目介绍虚拟仪器软、硬件系统的构成。虚拟仪器系统相对于传统仪器系统，具备高灵活性、强扩展性、体积更小、速度更快和性价比更高的特点，因此在现代工业和科研中，得到了广泛的应用。而虚拟仪器体系具有这些特点的重要原因在于它依赖于一个完整的软、硬件系统架构。

在众多虚拟仪器技术的应用中，最具有代表性的就是虚拟仪器在测控方面的应用，在后面的项目中将介绍多个基于虚拟仪器测控系统的应用。对应不同的具体应用，虚拟仪器测控系统有着千差万别的表现形式。那么，系统的典型构成究竟是怎样？每部分在系统中又担负着什么"责任"？在选择的时候需要进行哪些工程考量等。在开始后续具体的软、硬件结合测控项目之前，本项目将一一解决上述问题。

5.1　任务 1　构建虚拟仪器测控系统

对于使用虚拟仪器技术构建的典型测控系统，从硬件层面通常把它分为传感器/执行机构、数据采集硬件/输出控制硬件、总线平台以及系统处理器（即通常所说的计算机）这 4 个部分。其中，传感器和数据采集模块化硬件负责测控应用中的测试测量部分，执行机构和输出控制模块化硬件负责测控应用中的输出控制部分，前者负责"测"，即输入；后者负责"控"，即输出。它们在信号链路上具有位置对等、方向相反的特性。在本项目中，以输入链路（即测试测量）为例来展开讨论，如果需要考虑输出控制部分，就需要将传感器替换为执行机构，数据采集硬件替换为输出控制硬件。一个典型的虚拟仪器测试测量系统的构成如图 5-1 所示。其中的数据采集（Data Acquisition，DAQ）设备，是计算机和外部信号之间的接口。它的主要功能是将输入的模拟信号数字化，使计算机可以进行解析。DAQ 设备用于测量信号的 3 个主要组成部分，即信号调理电路、模-数转换器（ADC）与计算机总线。很多 DAQ 设备还拥有实现测量系统和过程自动化的其他功能。例如，数-模转换器（DAC）输出模拟信号，数字 I/O 线输入和输出数字信号，计数器/定时器计量并生成数字脉冲。

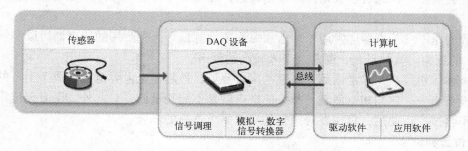

图 5-1　一个典型的虚拟仪器测试测量系统的构成

传感器将自然界的各种信号转换成电信号后传递给 DAQ 设备，通常在信号传递给 DAQ 设备之前，还需要经由信号调理硬件将传感器输出的电信号进行必要的放大、衰减和隔离等处理，然后生成标准范围内的电压或电流模拟信号。工业中有很多 DAQ 设备已经集成了信号调理的功能，以便连接各种常用的工业传感器。被测信号在经过模拟 - 数字信号转换器（ADC）后，将通过数字总线传送至系统控制器中进行后续的分析处理及显示。

为了构成完整的虚拟仪器测试测量系统，软件需要与硬件无缝协作，在保证系统可靠有效工作的同时，应最大化系统的灵活性和扩展性。对于系统构建者而言，其中最重要的包括与硬件直接相关的驱动层软件以及与用户接口相关的应用层软件。驱动层软件保证系统硬件的正确安装及配置，应用层软件则肩负着数据分析、处理、显示和存储等重要的任务。它们都被归纳在系统处理器这部分当中。在了解了系统软、硬件组成之后，下面就每个组成环节的重要工程设计进行逐一介绍。

5.1.1 选择传感器

在市场上有各种式样的传感器可供选择，用于测量各种类型的自然现象。面对多种多样的传感器，应该做何选择呢？本节对最常用的传感器进行分类和比较，涉及典型的自然现象的测量。

1. 温度

测量温度时最常用的传感器包括热电偶、热敏电阻和热电阻等。光纤传感器，作为一种更加专用的手段，在温度测量中的应用也在日趋增加。

2. 应变

应变通常通过电阻式应变计来测量。这些应变片电阻通常是附着在待测物的弯曲表面。应变片的一个使用实例就是机翼的结构测试。应变片可以测量物体表面非常小的扭曲、弯曲和拉伸。当将多个电阻式应变片组合起来使用时，就组成了桥路。为了更灵敏地测量应变，可以使用较多数量的应变片。可以使用最多 4 个活动的应变片来组成一个惠斯通电桥，即全桥结构。也有半桥（两个活动的应变片）和 1/4 桥（一个活动的应变片）配置。所使用的应变片越多，测量读数就越准确。

3. 声音

传声器是用来测量声音的，在声音测量应用中有很多不同类型的传声器可供选择。

最常见的是电容式传声器，包括预极化（即传声器中内置电源）或外部极化类型。外部极化电容传声器需要额外的电源，这将会增加项目的成本。在潮湿的环境下，电源中的元器件可能会被损坏，此时预极化传声器是首选；在高温环境下，外部极化电容式传声器则是首选。

坚固的压电式传声器通常用于冲击和爆炸压力测量。这种耐用的传声器可以测量高振幅（分贝）的压力。其缺点是，通常会引入较高的噪声。

驻极体体积很小，非常适用于高频的声音测量，被用在全世界范围内成千上万的计算机和电子设备当中。它们相对便宜，唯一的缺点就是不能测量低音。此外，还有碳传声器，在目前已不再被广泛使用，只用在对声音的质量要求不高的场合。

4. 位置和位移

有许多不同类型的位置传感器。在选择位置传感器时的主导因素是，是否需要激励、滤波、对环境的敏感度以及采用间接观察还是直接物理接触的方式来测量距离等。与压力或载荷传感器不同，在选择位置传感器时没有一个固定的准则。位置测量传感器的应用由来已久，使用者的偏好和具体应用的需求都会影响传感器类型的选择。

霍尔效应传感器监测目标对象是通过按一个按钮来确定此对象是否出现。它在目标对象触摸按钮时表现为"开"，当目标对象在其他位置时，表现为"关"。霍尔效应传感器已被应用于键盘，甚至应用在拳击比赛机器人上，来判断是否受到了对方的打击。当按钮为"关"时，该传感器无法提供目标对象究竟距离有多近，因此它适用于那些不需要非常详细位置信息的场合。

电位器使用一个滑动接触来生成一个可调的电压分压，从而测量目标对象的位置。电位器对与其连接的待测系统来说，会产生一些轻微的阻力，这是无法避免的。电位器相对于那些精确的位置传感器来说，价格比较便宜。

另一个常用的位置传感器是光电编码器，它可以是线性的或旋转的。这种传感器能够测量运动速度、方向和位置，且速度快、精度高。顾名思义，光电编码器使用光来确定位置，通过一系列的栅格将待测的距离进行细分。栅格数目越多，精度越高。某些旋转光学编码器可以有多达 30 000 个栅格，从而实现极高的精度。此外，光电编码器响应时间快，是许多运动控制应用的理想选择。对于那些与待测系统有直接物理接触的传感器，如电位器，将会对待测系统部件的运动产生些许的阻力，而编码器在运动时几乎不产生任何摩擦，且重量很小；但在恶劣或尘土飞扬的环境中使用编码器时，必须将其密封，这将增加成本。此外，在高精度位移测量应用中，光电编码器需要自己的轴承，以避免轴不对中的问题，这也会进一步增加成本。

5.1.2 选择数据采集硬件

当选取了适当的传感器并成功地将自然界信号转化为电信号之后，接下来在构建整个测试测量虚拟仪器系统的过程中非常关键的一步就是选择配套的数据采集（DAQ）硬件以及对应的仪器总线。面对业界众多的 DAQ 设备，如何针对当前的虚拟仪器应用选择最合适的一款？本节将通过考虑下面 5 个重要问题来进行解答。

1. 需要测量或者生成信号的类型

对于不同类型的信号需要使用不同的测量或生成方式。传感器能够将物理现象转化为可测量的电信号，如电压或电流；也可以接收一个可测量的电信号，从而产生一个物理现象。在选择 DAQ 设备时，一定要了解信号类型和相应的属性，只有这样才能恰当选择 DAQ 设备。

DAQ 设备的功能大致可以分为以下 4 类，即模拟输入，用于测量模拟信号；模拟输出，用于输出模拟信号；数字输入/输出，用于测量和生成数字信号；计数器/定时器，用于对数字事件进行计数或产生数字脉冲/信号。有些 DAQ 设备仅拥有这些功能中的一种，而多功能 DAQ 设备则可以实现所有上述功能。一般来讲，DAQ 设备通常对于某一功能只提供固定数量的通道，比如模拟输入、模拟输出、数字输入/输出以及计数器等；因此，在考虑选择设备时，需要在当前所需通道数的基础上再预留一些，这样就可在必要时进行更多通道的数据采集。多功能 DAQ 设备同样也仅有固定数量的通道，但是其功能涵盖模拟输入、模拟输出、数字输入/输出和计数器。多功能 DAQ 设备可以支持不同类型的 I/O，以适应多种应用的需要，这是单一功能的 DAQ 设备所不具备的。

除此之外，还可以选择一种模块化的平台，自定义虚拟仪器应用的具体要求。模块化系统通常包括一个机箱，用于控制定时和同步信号，并控制各种 I/O 模块。模块化系统的优点是，能够选择不同的模块，每个模块实现其独特的功能，从而可以实现更灵活的配置方式。使用这种方式所构建的系统，其中某个单一功能模块的精度相对于多功能 DAQ 模块更高。另一个优点是，可以根据需要选择插槽数量合适的机箱。一个机箱的插槽数量是固定的，因此在选择机箱时，可以在当前所需插槽数的基础上再预留一些，以备未来扩展之用。

2. 虚拟仪器的应用是否需要信号调理

一个典型的通用 DAQ 设备可以测量或生成 −5 ～ +5 V 或 −10 ～ +10 V 的信号。而对于某些传感器所产生的信号，若直接使用 DAQ 设备进行测量或生成，则可能比较困难或会有危险。因此，大多数传感器需要对信号进行诸如放大或滤波等类似的调理措施，才能使得 DAQ 设备有效、准确地测量信号。例如，对热电偶的输出信号通常需要放大，才能够使得模 − 数转换器（ADC）的量程得到充分利用。此外，热电偶所测得的信号还可以通过低通滤波消除高频噪声，从而改善信号质量。信号调理所带来的好处是单纯的 DAQ 系统无法比拟的，它提高了 DAQ 系统本身的性能和测量精度。

可以在现有 DAQ 硬件设备的基础上选择添加外部信号调理措施，或选择使用具有内置信号调理功能的 DAQ 设备。许多 DAQ 设备还包括针对某些特定的传感器的内置接口，以方便传感器的集成，在这种情况下，就能够做到传感器与 DAQ 设备即插即用，十分便捷。

3. 虚拟仪器采集或生成信号需要的速度

对于 DAQ 设备来说，最重要的参数指标之一就是采样率，即 DAQ 设备的 ADC 采样速率。典型的采样率（无论硬件定时或软件定时）均可达到 2 MS/s。在决定设备的采样率时，需要考虑应用中所需采集或生产信号的最高频率成分。Nyquist 定理指出，只要将采样率设定为信号中所感兴趣的最高频率分量的两倍，就可以准确地重建信号。然而，在实际工程应用中，至少应以最高频率分量的 10 倍作为采样频率才能正确地表示原信号，即选择一个采样率至少是信号最高频率分量 10 倍的 DAQ 设备，就可以确保精确地测量或者生成信号。例如，假设应用需要测量的正弦波频率为 1 kHz，根据 Nyquist 定理，至少需要以 2 kHz 进行信号采集。然而，工程师们通常会使用 10 kHz 的采样频率，从而更加精确地测量或生成信号。图 5-2 所示是对一个频率为 1 kHz 的正弦波分别以 2 kHz 和 10 kHz 采样率采样时的结果比较。

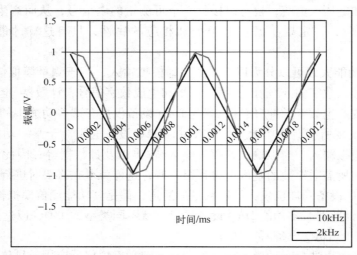

图 5-2　对一个频率为 1 kHz 的正弦波分别以 2 kHz 和 10 kHz 采样率采样时的结果比较

一旦确定了所要测量或生成的信号的最高频率分量之后，就可以选择一个具有合适采样率的 DAQ 设备了。

4. 虚拟仪器应用需要识别的信号中的最小变化

信号中可识别的最小变化决定了 DAQ 设备所需的分辨率。分辨率是指 ADC 可以用来表示一个信号的二进制数的位数。对一个正弦波通过不同分辨率的 ADC 进行采集后，所表示的效果会不同，图 5-3 所示比较了 ADC 使用 3 位分辨率与 16 位分辨率来表示一个正弦波的情况。一个 3 位 ADC 可以表示 8（2^3）个离散的电压值，而一个 16 位 ADC 可以表示 65 536（2^{16}）个离散的电压值。对于一个正弦波来说，使用 3 位分辨率所表示的波形看起来更像一个阶梯波，而使用 16 位分辨率所表示的波形则更像一个正弦波。

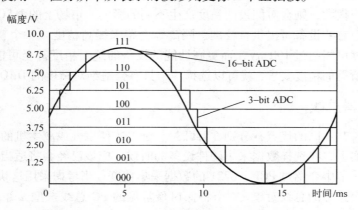

图 5-3　使用 3 位分辨率与 16 位分辨率来表示一个正弦波

典型 DAQ 设备的电压范围为 -5～+5 V 或 -10～+10 V。在此范围内，电压值将均匀分布，从而可以充分地利用 ADC 的分辨率。例如，一个具有 -10～+10 V 的电压范围和 12 位分辨率（2^{12} 或 4 096 个均匀分布的电压值）的 DAQ 设备，可以识别 5 mV 的电压变化；而一个具有 16 位分辨率（2^{16} 或 65 536 个均匀分布的电压值）的 DAQ 设备则可以识别到 300 μV 电压的变化。大多数应用都可以使用具有 12 位、16 位或 18 位分辨率 ADC 的设备。然而，如果测量传感器的电压有大有小，则需要使用具有 24 位分辨率的动态信号分析数据采集（DSA）设备。电压范围和分辨率是选择合适的数据采集设备时所需考虑的重要因素。

5. 虚拟仪器测量应用能够允许的误差

精度是衡量一个仪器能否忠实地表示待测信号的性能指标。这个指标与分辨率无关；然而精度大小却又绝不会超过其自身的分辨率大小。确定测量精度的方式取决于测量装置的类型。一个理想的仪器总是能够百分之百地测得真实值；然而在现实中，仪器所给出的值是带有一定不确定度的，不确定度的大小由仪器的制造商给出，它取决于许多因素，如系统噪声、增益误差、偏移误差和非线性等。制造商通常使用的一个参数指标是绝对精度，它表征 DAQ 设备在一个特定的范围内所能给出的最大误差。例如，对于美国国家仪器（NI）公司的 NI PCI-6221 设备，计算绝对精度的方法如下所示，即

绝对精度 = 读值 × 增益误差 + 电压范围 × 偏移误差 + 噪声不确定度

以 NI PCI-6221 数据采集卡作为例子，它在 10V 这个电压采集范围进行工作时可计算出的绝对精度 = 10 V ×（增益误差）+ 10 V ×（偏移误差）+ 噪声不确定度 = 3 100 μV

其中：

增益误差 = 残余 AI 增益误差 + 增益温度系数 × （自上一次内部校准后的温度变化值）+ 参考温度系数 × （自上一次外部校准后的温度变化值）

偏移误差 = 残余 AI 偏移误差 + 偏移温度系数 × （自上一次内部校准后的温度变化值）+ INL 误差噪声不确定度 = 随机噪声 × 3/(100)$^{1/2}$

以上所有的相关系数都能从数据采集卡的数据手册中找到，如在数据手册（注：http://sine.ni.com/ds/app/doc/p/id/ds-15/lang/zhs）中就给出了 NI PCI-6221 数据采集卡的相关系数。

值得注意的是，一个仪器的精度不仅取决于仪器本身，而且取决于被测信号的类型。如果被测信号的噪声很大，则会对测量的精度产生不利的影响。市场上的 DAQ 设备种类繁多，精度和价格各异。有些设备可提供自校准、隔离等电路来提高精度。一个普通的 DAQ 设备所达到的绝对精度可能超过 100 mV，而更高性能的设备的绝对精度甚至可能达到 1 mV。一旦确定了应用中所需的精度要求，就可以选择一个具有合适绝对精度的 DAQ 设备。

5.1.3 选择仪器总线

每种总线都有其不同的优点，分别在吞吐量、延迟、便携性或离主机的距离等方面具有不同的优势。事实上，在选择数据采集硬件设备的时候，应该已经会将适当的仪器总线考虑在内了。例如上一节中介绍过 PCI-6221 的数据采集精度，当考虑采用这块板卡时，PCI 总线就已经成为将会选择的总线对象。本节将探讨最常见的 PC 总线选型，并从技术方面分析需要考虑的因素，应注意如下几个问题。

1. 经过该总线的数据量

所有的 PC 总线在一定的时间内可以传输的数据量都是有限的。这就是总线带宽，往往以兆字节每秒（MB/s）表示。如果动态波形测量对应用十分重要，就一定要考虑使用有足够带宽的总线。根据选择的总线，总带宽可以在多个设备之间共享，或只能专用于某些设备。例如，PCI 总线的理论带宽为 132 MB/s，计算机中的所有 PCI 板卡共享带宽。千兆以太网提供 125 MB/s 的带宽，子网或网络上的设备共享带宽。提供专用带宽的总线，如 PCI Express 和 PXI Express，在每台设备上可提供最大数据吞吐量。当进行波形测量时，采样率和分辨率需要基于信号变化的速度来设置。可以记录每个采样的字节数（向下一个字节取整），乘以采样速度，再乘以通道的数量，计算出所需的最小带宽。例如，一个 16 位设备（2 B）以 4 MS/s 的速度采样，4 个通道上的总带宽为

$$2 \, B/s \times 4 M \, 采样/s \times 4 \, 通道 = 32 \, MB/s$$

总线带宽需要能够支持数据采集的速度，需要注意的是，实际的系统带宽低于理论总线限制。实际观察到的带宽取决于系统中设备的数量以及额外的总线载荷。如果需要在很多通道上传输大量的数据，带宽就是选择 DAQ 总线时最重要的考虑因素。

2. 对单点 I/O 的要求

需要单点读写的应用程序往往取决于需要立即和持续更新的 I/O 值。由于总线架构在软、硬件中实现的不同方式，所以对单点 I/O 的要求可能是选择总线的决定性因素。总线延迟是 I/O 的响应时间。它是调用驱动软件函数和更新 I/O 实际硬件值之间的时间延迟。根据选择总线的不同，延迟可以从不足 1 μs 到几十 ms。例如，在一个比例积分微分（PID）控

制系统中，总线延迟可以直接影响控制回路的最快速度。影响单点 I/O 应用的另一个重要因素是确定性，也就是衡量 I/O 能够按时完成测量的持续性。与 I/O 通信时，延迟相同的总线比有不同响应的总线确定性要强。确定性对于控制应用十分重要，因为它直接影响控制回路的稳定性。许多控制算法的设计期望就是控制回路总是以恒定速率执行。预期速率产生任何的偏差，都会降低整个控制系统的有效性和稳定性。因此，当实现闭环控制应用时，应该避免选用高延迟、确定性差的总线，如无线、以太网或 USB。软件在总线的延迟和确定性方面起着重要的作用。支持实时操作系统的总线和软件驱动提供了最佳的确定性，因此也给出最高的性能。一般情况下，对于低延迟的单点 I/O 应用来说，PCI Express 和 PXI Express 等内部总线比 USB 或无线等外部总线更好。

3. 是否需要同步多个设备

许多测量系统都有复杂的同步需求，包括同步数百个输入通道和多种类型的仪器。例如，一个激励—响应系统可能需要输出通道与输入通道共享相同的采样时钟和触发信号，使 I/O 信号具有相关性，从而可以更好地分析结果。不同总线上的 DAQ 设备提供不同的方式来实现同步。多个设备同步测量的最简单的方法就是共享时钟和触发。许多DAQ 设备提供可编程序数字通道用于导入和导出时钟和触发。有些设备甚至还提供专用的 BNC 接头（注：一种用于同轴电缆的连接器。全称为 Bayonet Nut Connector，又称为 British Naval Connector）的触发线。这些外部触发线在 USB 和以太网设备上十分常见，因为这些 DAQ 硬件处于 PC 的机箱外部。然而，某些总线内置有额外的时钟和触发线，使得多设备的同步变得非常容易。PCI 和 PCI Express 板卡提供实时系统集成（RTSI）总线，由此桌面系统上的多块电路板可以在机箱内直接被连接在一起。这就免除了额外通过前连接器连线的需要，简化了 I/O 连接。用于同步多个设备的最佳总线选件是 PXI 平台。PXI 是 PCI extensions for Instrumetation 的简称，它是面向仪器系统的 PCI 扩展。PXI 结合了 PCI 的电气总线特性与 Compact PCI 的坚固性、模块化的特性发展成适合于测试、测量与数据采集场合应用的机械、电气和软件规范，包括 PXI 和 PXI Express。这种开放式标准是专门为高性能同步和触发设计的，为同一机箱内同步 I/O 模块以及多机箱同步提供了多种选件。

4. 系统对便携性的要求

随着便携式计算平台使用的增加，为基于 PC 的数据采集提供了许多新的方式。便携性是许多应用的一个重要部分，它也可能成为总线选择的首要考虑因素。例如，车载数据采集应用得益于结构紧凑，易于运输的硬件。对于 USB 和以太网等外部总线等，因为其快速的硬件安装以及与笔记本电脑的兼容性，特别适用于便携式 DAQ 系统。由总线供电的 USB 设备不需要一个单独的电源供电，显得更加方便了。此外，使用无线数据传输总线也可提高便携性，当计算机被保持不动时，测量硬件可以适当移动。

5. 计算机离测量物体的距离

数据采集应用场所不同，需要被测物体与计算机之间的距离也不相同。为了达到最佳的信号完整性和测量精度，应该尽可能地将 DAQ 硬件靠近信号源。但这对于大型的分布式测量系统（如结构健康监测或环境监测）来说是十分困难的。将长电缆跨过桥梁或工厂车间成本昂贵，还可能会引入噪声信号。解决这个问题的一个方案就是使用便携式计算平台，将整个系统移近信号源。借助于无线通信技术，完全移除计算机和测量硬件之间的物理连接，且可以采取分布式测量，将数据发回到一个集中地点。

根据以上 5 个方面的问题，在表 5-1 列出了大部分常用的基于应用需求的总线选择指南美国国家仪器公司及 NI 产品范例。

表 5-1　基于应用需求的总线选择指南及美国国家仪器公司（NI）产品范例

总　　线	带宽/（MB/s）	单点 I/O	多设备	便携性	分布式测量	范　　例
PCI	132（共享）	最好	更好	好	好	M 系列
PCI Express	250（每通道）	最好	更好	好	好	X 系列
PXI	132（共享）	最好	最好	更好	更好	M 系列
PXI Express	250（每通道）	最好	最好	更好	更好	X 系列
USB	60	更好	好	最好	更好	NI Compact DAQ
以太网	125（共享）	好	好	最好	最好	NI Compact DAQ
无线	6.75（每个 802.11g 通道）	好	好	最好	最好	无线 NI Compact DAQ

5.1.4　选择系统处理器

一旦选择好了数据采集设备及系统总线，就要选择合适的系统处理器。对于虚拟仪器应用系统，处理器通常就是计算机。计算机可以说是数据采集系统最关键的部分，用它来连接数据采集设备，通过运行软件来控制设备、分析测量数据及保存结果等，因此，计算机相比于传统的台式仪器系统更具灵活性。下面分析当为虚拟仪器测控系统选择计算机时所需考虑的因素。

1. 需要多大的处理能力

几乎每个计算机都具有 3 个影响数据管理能力的关键部件，即处理器、内存（RAM）和硬盘驱动器。处理器是计算机读取和执行命令的部分，可以将其看做是计算机的大脑。在大多数新型计算机中的处理器是双核或四核的，这意味着计算机可以使用两个或更多的独立实际处理单元（称为内核）去读取和执行程序指令。一台计算机的处理能力还包括 RAM 容量大小、硬盘驱动器空间的多少以及处理器速度的快慢。更大的 RAM 容量可以提高运行速度，并能够同时运行更多的应用程序；更多的硬盘驱动器空间可以有能力储存更多的数据；更快的处理器能够更快的处理应用程序。总而言之，越快越好，而不同品牌的处理器速度可能不一样。如果需要分析或保存从应用获取的数据，那么处理能力就是考虑选择计算机的关键因素。

2. 是否需要便携式的性能

如果要经常转换于在不同的工作地点之间，那么便携性能是选择计算机时需要考虑的关键因素之一。例如，对于在现场实地测量然后返回实验室分析数据的情况，便携式计算机是必不可少的。当需要在不同地点进行监测时，便携式也是至关重要的性能。当评估计算机的便携性能时，考虑的关键因素是其尺寸大小及重量。谁也不想携带一个难以移动的笨重计算机来进行当前的工作。

3. 能够承受的计算机的成本

预算几乎是对每个应用项目都需要关心的问题，而计算机的成本很有可能占系统总体成本的一大部分。计算机性能和外观因素占据了计算机总成本的很大比例。在选择计算机时，需要在价格和性能之间折中考虑，越高性能的计算机成本越高。例如，一台具有快速处理能力的计算机显然会贵一些。此外，外观因素也对计算机成本有很大影响。一个典型的例子是，具有相似功能的笔记本电脑与台式计算机，笔记本电脑具有便携性而更加昂贵。那些满足工业应用规格，或者针对仪器应用进行过优化的计算机，能够用于构建坚固的测试平台，其成本也会较高。

4. 计算机需要的坚固程度

如果在一个极端的环境中部署监测应用，那么计算机的坚固性会是一个重要的因素。用于描述计算机坚固性的规格参数主要是指其操作环境条件。现有商用个人计算机的设计无法承受工业环境条件。例如，计算机的操作条件包括操作和储存温度、相对湿度以及最大操作和储存海拔。典型的规格参数是 50 ～ 95 ℉ （操作稳定）， − 13 ～ 113 ℉ （储存温度），10 000 in（操作海拔），15 000 in（储存海拔）。因此，性能规格参数超出上述指标的计算机即可认为是坚固的计算机。如果实际情况要求计算机具有坚固性，就需要对这些参数给予足够的重视。

5. 是否需要具备模块化特性的计算机

如果要考虑未来的应用拓展空间，或者正在同时进行多种应用的开发，那么计算机的模块化特性也是至关重要的。模块化特性是指一个系统组件能够被分离或重组的程度。如果想要很容易地在系统中替换模块或者修改应用的功能，那么拥有一个模块化系统是必不可少的。使用模块化计算机可以获得很高的灵活性。这样可以修改或调整系统的配置来满足特殊需求，而且，在将来扩展应用或升级个别组件时也无需购买整个全新系统。对于使用模块化的系统，如果未来需要更大的存储空间，就可以选择安装一个新的硬盘系统；如果需要更快速的采样率，就可以使用带有更快速的模 − 数转换器的数据采集设备。虽然笔记本电脑和上网本电脑提供了便携性，但是它们集成度太高而很难更新配置。如果需要在满足当前应用的同时适应未来需求，那么模块化是一个重要的参数。

6. 是否需要实时的操作系统

当为数据采集应用选择计算机时，其操作系统的性能是要考虑的一个重要问题。到目前为止，最常见的通用操作系统是 Windows，但是数据采集和控制应用有时会要求更专业的操作系统。一个实时的操作系统能够进行更具确定性的操作，这就意味着应用可以根据精确的时间要求而执行。实时的操作系统具有执行的确定性，这是因为操作系统自身不会指定哪个进程在什么时间执行，而是由用户定义其执行的顺序和时间。这使得可以更大程度地控制测量应用，而且相比于不确定性的操作系统，能够以更快的速率执行。如果需要一个具有确定性的操作系统，那么就要相应地寻找满足这些要求的计算机。

表 5−2 给出了针对计算机 6 大重要性能来选择计算机的指南。

表 5−2　针对计算机 6 大重要性能来选择计算机的指南

	PXI 系统	台式机	工业计算机	笔记本电脑	上网本电脑
处理能力	最好	最好	更好	更好	好
操作系统兼容性	最好	最好	好	更好	好
模块性	最好	更好	更好	好	好
坚固性	更好	更好	最好	好	好
移动性	更好	好	好	最好	最好
成本	好	更好	好	更好	最好

5.1.5 选择仪器驱动

在选定了传感器、数据采集硬件、仪器总线和计算机之后，另一个非常容易忽视的虚拟仪器系统组成部分就是仪器的驱动程序。仪器的驱动程序作为硬件设备与应用层软件之间进行通信的关键层，在整个虚拟仪器测试测量系统中扮演着十分重要的角色。虽然硬件设备的指标和规格非常地重要，但如果选择了不恰当的驱动软件，也将对整个系统的搭建以及未来系统运行的性能产生非常重大的影响。本节中将探讨如何来评估适合的 DAQ 设备驱动软件。

1. 选择的驱动程序与操作系统是否兼容

针对不同的应用，可以根据某一方面的特定需求来选择满足相应条件的操作系统，常用的系统包括 Windows、Mac OS 以及 Linux。无论是哪个操作系统，它们都会有不同时间发布的新旧系统版本以及针对不同处理器经过优化的不同处理器版本。举例来说，Windows 操作系统从 XP 到 Vista 到 Win7，分别有 32 位以及 64 位处理器的不同版本。而对于开源的 Linux 操作系统，则可以从众多不同的变体中进行选择，这些不同类型不同版本号的 Linux 操作系统，会在内核的基础上搭载不同的系统特性，但可能相互之间并不能相互兼容。因此，DAQ 设备的驱动程序通常无法支持每一个不同的操作系统。大多数业界所使用的 DAQ 驱动程序都会与 Windows 操作系统兼容，因为它在目前的工业现场使用得最为普遍。然而，如果需要使用一种截然不同的操作系统，那么始终需要牢记的是，在选择数据采集硬件之前确保它所对应的驱动程序能够适配所要选择的操作系统。

2. 选择的驱动程序与应用层软件能否完美集成

驱动程序与应用层软件之间的通信对于系统构建十分重要，它们之间的适配与集成程度的好坏决定了是否能够搭建出稳定可靠的虚拟仪器系统。对于每一个驱动程序来说其核心是一个库，通常就是一个动态连接库文件。这个库管理着与 DAQ 硬件设备的各种通信机制。一般来说，这个库会提供给用户用于适配不同编程语言的封装接口及配套文档。但在某些情况下，一些仪器驱动程序无法提供所熟悉语言对应的封装接口，或者甚至需要用户自己来手动编写对应的封装接口。这无非在降低系统可靠性的同时增加了的额外工作量。对于系统构建者来说，最为理想的情况是，拿到的驱动程序内建在的应用层软件当中，这就意味着，现成的硬件驱动程序将根据应用程序编程语言进行彻底重写，保证与适配无缝连接硬件及应用程序的同时，提供更为出色的系统性能。在后续内容中会看到为什么会选择 DAQmx 来作为本书中搭建虚拟仪器系统的驱动程序。

3. 与驱动程序配套的使用文档

为了能够深入理解并更优设计系统驱动架构，与驱动程序相配套的使用文档就显得相当重要。通常能够得到的配套文档包括用户手册、函数参考、版本注释、现有问题索引以及范例代码。如果选择的驱动程序所配套的文档不够全面，那么就需要花费大量的时间来试验其驱动代码的有效性及可靠性，而且无法避免一些细节的错误与疏漏。因此，在选择驱动程序时同等重要的是了解其配套文档是否完整、组织是否合理、是否有技术人员负责维护等。最理想的情况是，文档中能够配套提供使用所熟悉的编程语言编写的范例程序代码，在这种情况下，可以很快地上手连接应用层软件与底层硬件设备，提高系统搭建的效率。

4. 选择的驱动程序是否包含了设置与诊断工具

除了完整专业的配套文档之外，另一个需要考量的问题是，这套驱动程序是否能够配套提供设置与诊断的工具来帮助快速搭建系统，并寻找可能存在的问题。通常称这样的工具为测试面板。借助于测试面板，能够在开始编写应用软件之前，有效地排除多方因素引入的错误，单纯地调用底层硬件资源来定位可能存在的驱动层问题。测试面板同时还能够提供设备校准工具，从而保证设备测量的准确度。其中，内含的传感器标定向导可以辅助设计人员轻松地将原始传感器电压信号值映射到具有现实物理意义的工程单位值。并非所有的 DAQ 驱动都包含了上述测试面板的功能。对设计者来说，显然在选择的时候需要充分考虑这部分的内容。

5. 选择的驱动程序是否能够适配其他同类型设备

对于当前应用来说，可能目前的驱动已经够用。但是考虑到未来可能需要扩展已有的 DAQ 系统构成，甚至将现有设备的规格指标进行升级。这时不得不考虑到系统更新时可能会碰到的驱动更改问题。一些 DAQ 的驱动程序是为特定的 DAQ 设备型号进行设计的，也就是说一款硬件设备对应了一套驱动程序库。在将设备更改之后，需要将对应的驱动程序库做对应的更改。这类驱动程序库可能从尺寸上来说比较小巧，但是对于设计者而言，其更新成本过于昂贵。对于当前日新月异的工业界而言，用户对于系统的需求更新周期越来越短，所以更希望能够找到一套驱动程序库，可以针对一系列或者一整套 DAQ 硬件设备进行适配。当更改系统硬件设备、或者对现有系统进行适当设备扩展的时候，只需要最小程度地修改硬件设备号，或者小幅度地修改现有的代码就能完成系统的升级工作。这将十分有利于节省系统升级的时间以及降低系统代码维护的成本。如果驱动程序库同时还提供了方便同步不同硬件规格产品的功能，那么将会进一步提升该驱动程序库的扩展特性。

5.1.6 选择系统应用开发软件

应用开发软件是现代虚拟仪器 DAQ 系统的核心，因此，选择一个能够满足系统应用需求并且随着系统升级可以轻松扩展的软件工具就显得十分重要。最不期望见到的情况是，仅仅因为旧代码不能再进一步扩展，而要使用新的应用开发软件重写所有的代码。在为 DAQ 系统选择最佳应用软件工具时，衡量标准应该取决于该软件工具能否满足需要达到的要求。

同样需要回答如下问题。

1. 软件是否足够灵活，以满足未来应用的需求

DAQ 软件工具涵盖了从可立即运行的执行程序（无需编程）到可完全由用户自定制的应用开发环境。尽管根据现有系统开发的需求可以很容易选择应用软件工具，但考虑这个工具如何随着系统的发展进行扩展和解决问题也十分重要。可立即执行的软件工具的功能通常都是固定的，用于执行特定的测量或测试程序，硬件选择的范围十分有限。如果这类软件工具能够满足现有的系统需求，并且也不打算修改或扩展系统功能，那么它对于 DAQ 系统来说是一个不错的选择。这里需要考虑的就是，可立即执行的应用软件通常并不能被轻易地进行扩展，将新功能整合到现有的 DAQ 系统中去。想要充分利用应用软件工具来满足当前的系统需求并且随着时间的推移能够进行扩展，应该选择一个可以创建自定义应用的开发环境。应用软件开发环境十分灵活，可以利用 DAQ 驱动程序进行编程，开发自定义用户界面（UI）和代码，从而完成想要的精确测量或测试程序。这里需要考虑的就是，需要预先花费时间来学习编程语言，并自己开发应用程序。虽然这样似乎会花费很长时间，但是一个优秀的软件开发环境提供了多种工具来帮助入门，其中包括在线和现场培训、入门范例、代码生成助手、共享代码和讨论难题的社区论坛以及来自应用工程师或支持团队的帮助。

2. 需要多长时间来学习这个软件

每个人学习一款新软件所花费的时间不同，这取决于选择的软件工具的类型以及用于DAQ应用编程的编程语言。对于可立即执行的软件工具，学习起来最简单且最快，因为它们帮用户省略了具体的编程细节。当选择自定义DAQ系统时，应该确保有适当的资源来帮助自己快速学习软件工具。比如这些资源可以包括用户手册、帮助信息、网上社区和支持论坛。通常学习应用开发环境需要较长的时间，其中大部分时间都在学习开发环境内的编程语言。如果能够找到一个应用开发环境，并且非常熟悉其中的编程语言，就完全能够节省在一个新的应用开发环境中熟悉编程所需的时间。许多应用开发环境能够被集成，甚至在一个单一框架内可编译几种不同的语言。当评估应用开发环境需要学习新语言时，就应该考虑那些能够帮助专注于解决实际工程问题的编程环境，而不是编程语言的底层细节。学习基于文本的语言（如ANSI C/C++）往往更具挑战性，因为所有语法和句法规则都很复杂，必须严格遵守才能成功地编译和运行代码。而像NI LabVIEW所提供的图形化编程语言，学习起来则较简单，因为程序实现更加直观，且编程方式与工程师思考的方式一致。ANSI C代码与LabVIEW代码的直观比较如图5-4所示。

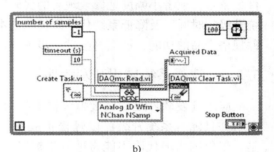

a)   b)

图 5-4　ANSI C 代码与 LabVIEW 代码的直观比较
a）ANSI C 代码　b）LabVIEW 代码

此外，还应该考虑应用软件中的学习资源，这些资源可以有助于开发人员在较短的时间内熟悉并使用新的软件工具。以下为一些针对软件工具的有用的入门资源。

1）评估。一个免费的软件评估可以让人们进行充分的测试，从而确定该工具是否满足其应用的需要。

2）在线课程。在学习应用软件的基本概念时，在线教程、视频和白皮书可以提供有价值的帮助。

3）课堂指导。对于着手开发DAQ系统来说，应用软件的课堂教学是最完美的方式。课程的详细程度取决于教学设置的类型。

4）范例。好的范例设置拥有足够多的代码，可用于所有最为常见的DAQ应用。借助于这些范例，无需从头开始，通过简单的修改范例，就能满足系统开发的需求，从而节省时间。

3. 软件是否能够集成选择的驱动程序和其他高效辅助工具（分析、可视化和存储）

很多时候，开发人员认为现有的设备驱动程序足够用来将他们的测量设备集成到DAQ

系统中去。他们往往忽略了驱动程序是如何与他们正在使用的应用软件进行集成，从而开发DAQ系统的。选择的驱动程序与软件工具相互兼容，且能成功地集成整个DAQ系统，这一点十分重要。DAQ系统往往需要与系统和数据管理软件集成，来进行后续处理、分析或数据存储。需要确定的是，选择的应用软件提供了一种简单的方式来管理已经获得的数据。在测量系统中，分析工具十分常见。大多数用于数据采集的应用软件都通过信号操作工具或API提供了这些程序。需要确保应用软件中拥有当前系统所需的分析程序，否则就额外需要学习两种环境，即一个用于采集；另一个用于分析，同时还要痛苦地在两个环境之间交换数据。可视化和数据存储经常在DAQ系统中同时出现。选择的应用软件应该能够简单地通过预定义的用户界面或是可定制的用户界面，将获取的数据可视化，呈现给用户。此外，应用软件必须能够简单地与系统和数据管理软件集成，来存储大量的数据或各种的测试。由于工程师经常需要存储数据，以便今后进行操作，所以应用软件应具备多种工具，以容纳广泛的存储和共享选项。这就为后期数据处理和生成用于合作的标准化专业报告提供了更大的灵活性。

4. 当遇到问题时，软件是否有社区资源可供使用

应用软件所处的生态系统同软件工具本身一样重要。一个健康的生态系统提供了丰富的资源，可以帮助人们轻松地学习新的软件工具，在开发自己的应用时可以给予指导与反馈。需要的是一个活动丰富的社区，其共享的信息涉及正在解决的问题。此外，用户应用软件的生态系统往往促进着未来的开发。应该检查应用软件的提供者是否满足其社区的需求，用户群是否可以提供反馈，引导软件未来功能的开发。

5. 软件是否有可靠和成功的应用案例

在为DAQ系统选择应用软件时，最后需要考虑的不是正式文档或功能特性，而是这个软件的口碑。浏览个人使用应用软件的成功案例分析，或者与那些在自己项目中使用该软件工具的人交流。外部软件开发公司的意见可以反映软件稳定和成功的真实的过往记录。选择那些受认可的、具有稳定性和长期性的应用软件，有助于确保系统的可重用和可扩展性，选择的软件环境也不会在短时间内过时。

通过综合考量上述因素很容易发现，为什么会选择LabVIEW来作为系统应用开发软件了。

5.2 任务2 学习数据采集驱动程序DAQmx

在5.1的任务1中，充分了解了构成虚拟仪器测控系统的必备要素、每个要素在整个系统中起到的作用以及在选择不同构成要素时需要进行哪些工程考量。其中前4节解决了硬件层面的问题，后两节则是软件层面。前面已经学习了应用开发软件LabVIEW的基本操作。在本任务中，将着重介绍如何在LabVIEW中结合硬件驱动软件来完成软硬件的协调工作，为本书后续章节中的各种软硬件测控应用任务打好基础。

5.2.1 NI－DAQmx简介

NI－DAQmx驱动软件被安装在数百个多功能DAQ硬件设备上，针对编程模拟输入、模拟输出、数字I/O和计数器，提供统一的编程界面，为NI－LabVIEW、NI－LabWindows™/CVI、Visual Basic、Visual Studio．NET和C/C++提供统一的VI和函数。也就是说，对于熟练使用DAQmx驱动程序的工程师来说，可以十分高效地通过这套强大的驱动程序库来控制数百种不同的DAQ硬件设备，并且允许工程师选择自己最熟悉的编程开发环境。

自从 NI－DAQmx 发布以来，NI 数据采集（DAQ）硬件用户一直在充分利用软件的诸多特性来节省开发时间，并提高数据采集应用程序的性能。其中一个能节省大量开发时间的特性是 NI－DAQmx 应用程序编程接口（Application Programming Interface，API），应用程序通过调用操作系统的 API 而使操作系统去执行应用程序的命令。该接口适用于各种设备功能和设备系列，这就意味着在一个多功能设备的所有功能都可通过同一功能集（模拟输入、模拟输出、数字 I/O 和计数器）进行编程。而且数字 I/O 设备和模拟输出设备也可由同一个功能集进行编程。在 LabVIEW 中，多态机制使得这些都成为可能。一个多态 VI 可接受多种数据类型，用于一个或多个输入以及（或）输出终端。NI－DAQmx API 对于所有可支持的编程环境都是一样的。用户只需学习运用一个功能集，便可在多种编程环境下对大部分的 NI 数据采集硬件进行编程。另一个能够提升开发体验的 NI－DAQmx 特性是 DAQ 助手。这个工具可帮助用户无需编程，仅通过图形化界面配置各种简单或复杂的数据采集任务，即可创建应用。由 NI－DAQmx 搭建的数据采集应用将受益于 NI－DAQmx 这一专门针对最优化系统性能而设计的架构。该架构以一个高效的状态模型为基础，去除了不必要的重复配置。将这些系统占用去除后，配置和采集过程都得到了优化。另外，由于内存映射寄存器的存在，单点 I/O 采样率可达到 50 kS/s 以上。NI－DAQmx 构架的另一个重要特性是测量多线程。NI－DAQmx 的多线程性可实现同时进行多个数据采集操作，从而大大提高了多操作应用的性能，同时极大地简化此类应用的编程。

在本任务中，后续所介绍的所有 DAQmx 函数均仅针对 LabVIEW 开发环境下的 DAQmx VI 驱动函数。在掌握了这套 VI 函数的使用之后，就可以快速着手后续章节的各种基于 LabVIEW 的测控应用项目了。

为了在计算机上搭建有效的虚拟仪器数据采集软件环境，首先必须确保在计算机上正确安装 LabVIEW 开发环境，之后插入 DAQmx 硬件驱动程序光盘进行安装。在"测量 I/O"选板中能够找到对应的 DAQmx 函数选板，如图 5-5 所示。

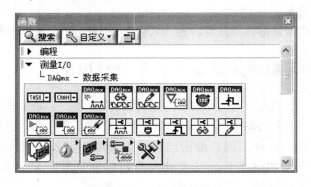

图 5-5　DAQmx 函数选板

5.2.2　学习 DAQmx 常用函数

在 LabVIEW 的 DAQmx 函数库选板中，有几十个不同功能的硬件驱动函数。利用这些函数，能够完成非常高阶的复杂数据采集应用，然而针对绝大多数的典型应用，只需学习几个函数，即可开始享受 DAQmx 高效驱动函数库所带来的各种特性。事实上，NI－DAQmx 的 10 个函数提供了解决 80% 的数据采集应用问题的功能。下面学习这些函数，理解其功能及所适用的应用类型。

1. DAQ 助手

"DAQ 助手"（如图 5-6 所示）可通过友好的窗口式交互界面，让用户交互式地创建、编辑配置、运行 NI – DAQmx 虚拟通道和任务。每个 NI – DAQmx 虚拟通道有 DAQ 设备上的一个物理通道以及该物理通道的配置信息，比如输入范围和自定义缩放。一个 NI – DAQmx 任务就是一个包含虚拟通道、定时、触发信息以及其他与采集和生成相关的属性的集合。

图 5-6　DAQ 助手

图 5-7 ～图 5-10 展示了从选择"采集"还是"生成"信号到选择信号类型、配置硬件通道、设置测量量程范围、采样模式、采样率、硬件接线方式等步骤的详细交互式对话

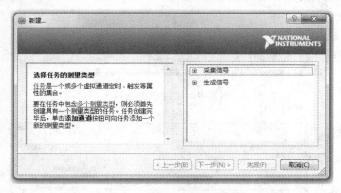

图 5-7　采集信号

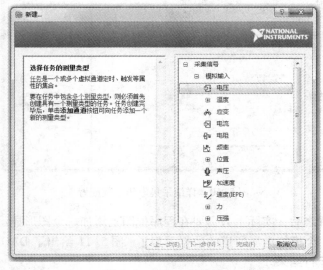

图 5-8　模拟电压采集

79

框。只需要按照 DAQ 助手的交互式配置向导一步一步地进行参数配置，DAQ 助手即可自动根据所有配置信息生成所需要的代码。如果需要更改配置，用鼠标双击 DAQ 助手的程序框图函数，就能重新调出配置界面。如果对于某个具体参数配置有疑问，则可以将鼠标悬停在该配置框上，DAQ 助手配置窗口右下角的"即时帮助"窗口就会实时显示当前对应配置框所代表的含义。

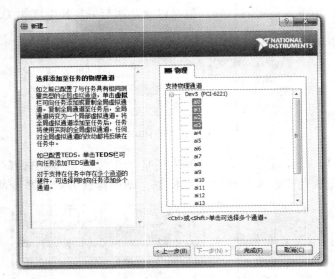

图 5-9　硬件通道选择

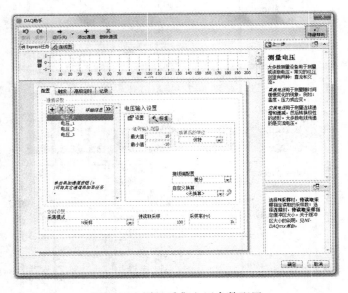

图 5-10　详细采集电压参数配置

在完成上述配置之后，实际上只需要在程序框图上添加一个图形显示控件，就能够完成针对 PCI - 6221 上 4 个模拟电压通道的数据采集了。图 5-11 给出了 DAQ 助手采集 4 路电压信号的程序框图及运行结果。

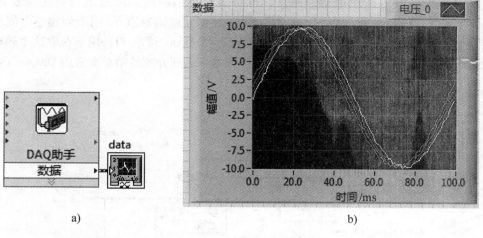

a)

b)

图 5-11　DAQ 助手采集 4 路电压信号的程序框图及运行结果

a）程序框图　b）运行结果

2. "NI – DAQmx 创建虚拟通道" 函数

"NI – DAQmx 创建虚拟通道" 函数可以创建一个虚拟通道，并将它添加至任务，也可用于创建多个虚拟通道，并将它们都添加至一个任务中。如果没有指定某个任务，则该函数自动创建一个任务。NI – DAQmx 创建虚拟通道 VI 如图 5-12 所示。

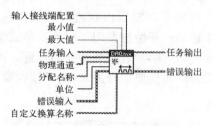

图 5-12　NI – DAQmx 创建虚拟通道 VI

图 5-13 显示的是用 4 个不同 NI – DAQmx 创建虚拟通道 VI 的示例，分别是 "加速度信号模拟通道采集" "电流信号模拟通道输出" "数字信号通道输出" 以及 "计数器通道频率信号采集"。

图 5-13　用 4 个不同 NI – DAQmx 创建虚拟通道 VI 的示例

a）加速度信号模拟通道采集　b）电流信号模拟通道输出　c）数字信号通道输出　d）计数器通道频率信号采集

NI – DAQmx 创建虚拟通道 VI 函数的输入端口根据不同函数实例而有所不同，然而，某些输入端口对大部分函数实例都是通用的，例如，指定虚拟通道所采用物理通道（即模拟输入物理通道、模拟输出物理通道、数字物理通道或计数器物理通道）。此外，不同种类的虚拟通道操作都需要根据信号的最小和最大预估值来设置通用的最小值和最大值输入端口，从而达到最优化的输入输出效果。而且，可对多种类型的虚拟通道进行自定义扩展。在图 5-14 所示的 LabVIEW 程序框图中，NI-DAQmx 创建虚拟通道 VI 用于创建热电偶虚拟通道。而在创建虚拟通道完毕之后，紧接着的就是 NI-DAQmx 读取 VI，用于获取这个热电偶采集虚拟通道采集到的数据。NI-DAQmx 读取 VI 将是下面所介绍的第 6 个常用 DAQmx 函数。

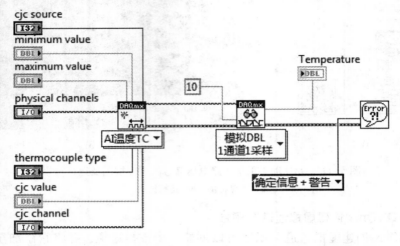

图 5-14 NI-DAQmx 创建虚拟通道 VI 用于创建热电偶虚拟通道

3. "NI-DAQmx 触发" 函数

"NI-DAQmx 触发" 函数可用于对触发机制进行配置来执行指定触发的相关操作。最常用的操作是开始触发和参考触发。开始触发用于启动采集或生成，参考触发则用于在一组采样点中创建预触发数据结束后和后触发数据开始前的位置。可对这两个触发进行配置，使其发生在数字跳变边沿、模拟边沿或模拟信号进入/离开预设窗口的时刻。NI-DAQmx 触发 VI 如图 5-15 所示。

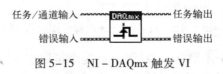

图 5-15 NI-DAQmx 触发 VI

在图 5-16 所示的 LabVIEW 程序框图中，开始触发和参考触发均已通过 NI-DAQmx 触发 VI 进行配置，对该示例中的第 3 和第 4 个函数分别配置了针对模拟输入电压采集任务的数字边沿开始触发以及数字边沿参考触发信息。

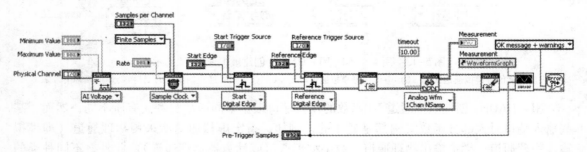

图 5-16 配置数字边沿的开始及参考触发示例

82

许多数据采集应用程序需要在一个设备上实现不同功能区域的同步（例如模拟输出和计数器），而其他的程序也需要在多个设备之间实现同步。为了实现这些同步性，触发信号必须在单个设备的不同功能区域间或在不同的设备间进行路由。而 NI－DAQmx 则可自动执行这些路由。在使用 NI－DAQmx 触发函数时，所有有效的触发信号均可作为源输入到函数中。例如，在图 5-17 所示的 NI－DAQmx 触发 VI 中，设备 2 的开始触发信号可用做设备 1 的开始触发源，而无需进行任何显式路由（即在 DAQ 设备外部进行额外的物理信号线连接）。

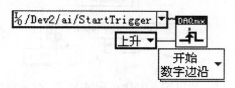

图 5-17　NI－DAQmx 触发 VI 将用于配置不同设备间的信号路由作为触发信号

4. "NI－DAQmx 定时" 函数

"NI－DAQmx 定时" 函数用于对硬件定时的数据采集操作进行定时配置，包括指定操作是连续执行还是有限点执行、选择采集或生成的样本数量来进行有限操作以及需要时创建任务缓冲区。NI－DAQmx 定时 VI 如图 5-18 所示。

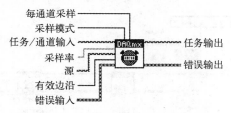

图 5-18　NI－DAQmx 定时 VI

对于需要采样定时（模拟输入、模拟输出、计数器）的操作，NI－DAQmx 定时函数的采样时钟示例可用于设置采样时钟源和采样速率。采样时钟源可以是内部也可以是外部的信号源。采样时钟能够控制采集或生成样本的速率。每个时钟脉冲将启动任务中每个虚拟通道的样本采集或生成。

图 5-19 所示的 LabVIEW 程序框图显示的是，如何使用 NI－DAQmx 定时 VI 的采样时钟示例来配置使用外部采样时钟的连续模拟输出信号生成任务。

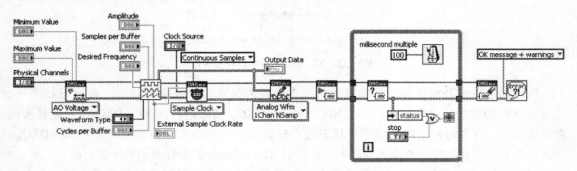

图 5-19　使用 NI－DAQmx 定时 VI 的采样时钟示例来配置使用外部
采样时钟的连续模拟输出信号生成任务

为了实现数据采集程序间的同步，定时信号必须以与触发信号同样的方式在一个设备的不同功能区域间或在多个设备间进行路由。NI－DAQmx 可自动完成这些路由。所有有效的定时信号都可作为 NI－DAQmx 定时函数的输入源。例如，在以下 DAQmx 定时 VI 中，设备的模拟输出采样时钟信号可被用做模拟输入通道采样时钟的信号源，无需进行任何显式路由。使用 NI－DAQmx 定时 VI 将 AO 采样时钟信号路由至模拟输入通道采样时钟源如图5-20 所示。

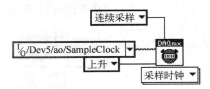

图5-20　使用 NI－DAQmx 定时 VI 将 AO 采样时钟
信号路由至模拟输入通道采样时钟源

由于所测信号可提供定时，因此大多数计数器操作应用都不需要采样定时。这些应用应使用"NI－DAQmx 定时"函数的隐式（Implicit）示例。在图5-21 所示的 LabVIEW 程序框图中，NI－DAQmx 定时 VI 的隐式示例将一个带缓冲的脉冲宽度测量任务配置为指定采样点数的有限点采集模式。

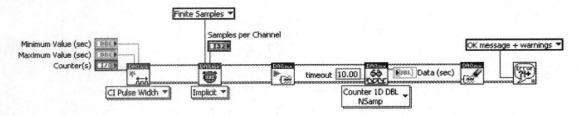

图5-21　NI－DAQmx 定时 VI 的隐式示例

5. NI－DAQmx 开始任务

在认识 DAQmx 一节中提过，NI－DAQmx 使用的状态模型已去除了不必要的重复配置，可实现更高的效率和最佳的性能。该状态模型包含一个任务的 5 个状态（注：由于太过细节，此处不予赘述）。关于每一个状态的详细信息可在 NI－DAQmx 关键概念→任务→任务状态模型下的 NI－DAQmx 帮助中找到。NI－DAQmx 开始任务 VI 如图5-22 所示。

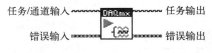

图5-22　NI－DAQmx 开始任务 VI

"NI－DAQmx 开始任务"函数可以将一个任务由显式转换成运行状态。在运行状态下，任务将进行指定的采集和生成。当"NI－DAQmx 读取"函数运行而 NI－DAQmx 开始任务函数未运行时，任务将隐式转换成运行状态或自动启动。这种隐式转换也会发生在NI－DAQmx 写入函数在指定的自动开始输入驱动下运行、但 NI－DAQmx 开始任务函数未运行时。

虽然从技术上来看，并未有硬性规定，但对于一个专业且易于维护的程序而言，包含硬件定时的采集或生成任务最好使用 NI－DAQmx 开始任务函数来显式启动。而且，如果需要多次执行 NI – DAQmx 读取函数或 NI – DAQmx 写入函数（比如在一个循环中），则应使用 NI – DAQmx 开始任务函数。否则任务会不断重复开始和停止，从而影响执行性能。

图 5-23 所示的 LabVIEW 程序框图显示的是，模拟输出生成仅包含单个软件定时的采样，无需使用 NI – DAQmx 开始任务 VI 的示例。

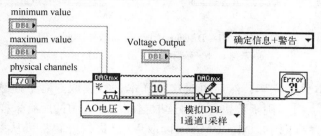

图 5-23　无需使用 NI – DAQmx 开始任务 VI 的示例

相反地，图 5-24 所示的 LabVIEW 程序框图显示的是，多次执行 NI – DAQmx 读取函数从计数器读取数据，而必须使用 NI – DAQmx 开始函数的情况。使用 NI – DAQmx 开始函数后再进行循环读取的示例如图 5-24 所示。

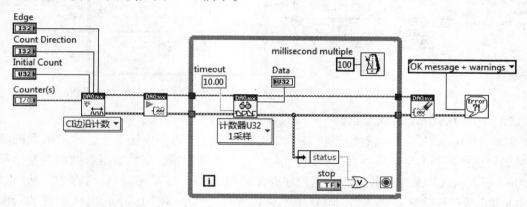

图 5-24　使用 NI – DAQmx 开始函数后再进行循环读取的示例

6. "NI – DAQmx 读取"函数

"NI – DAQmx 读取"函数可从指定的采集任务中读取采样数据。针对不同的函数示例可选择不同的采集类型（模拟、数字或计数器）、虚拟通道数量、采样点数量和数据类型。指定数量的采样点从 DAQ 板卡上的 FIFO 传输到 PC 的 RAM 缓存后，NI – DAQmx 读取函数再将样本从 PC 缓存转移到应用程序开发环境（ADE）内存中。图 5-25 显示的是 4 个不同 NI – DAQmx 读取 VI 函数的示例。NI – DAQmx 读取 VI 函数的不同示例如图 5-26 所示。

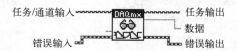

图 5-25　4 个不同 NI – DAQmx 读取 VI 函数的示例

可读取多个采样的 NI – DAQmx 读取函数示例包括一个用于指定函数执行时每个通道需要读取的"采样点数量"的输入。对于有限采集，将"每通道采样数"指定为 – 1，函数将

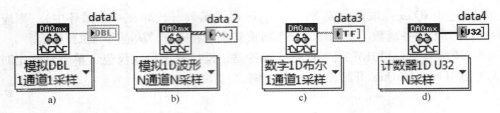

图 5-26　NI - DAQmx 读取 VI 函数的不同示例

a) 示例 1　b) 示例 2　c) 示例 3　d) 示例 4

等待所有请求的样本采集完毕，然后再对这些样本进行读取。对于连续采集，如果将"每通道采样数"指定为 -1，则函数执行时将读取当前缓存区中的所有采样点数据。在图 5-27 所示的 LabVIEW 程序框图中，NI - DAQmx 读取 VI 已进行配置，可从多个模拟输入虚拟通道读取多个采样，然后将数据以波形的方式返回。而且，由于已将每通道采样数输入为常数 10，所以每次执行 VI 时将从每个虚拟通道读取 10 个数据点采样值。

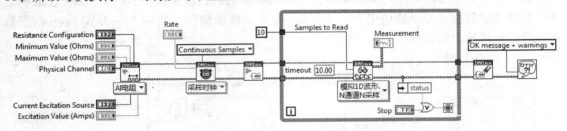

图 5-27　NI - DAQmx 读取 VI 在循环中反复读取缓存中的采样点数据示例

7. "NI - DAQmx 写入" 函数

"NI - DAQmx 写入" 函数用于将采样点数据写入指定的生成任务中。针对不同的函数示例，可选择不同的生成类型（模拟或数字）、虚拟通道数量、采样数量和数据类型。NI - DAQmx 写入函数将采样点数据从应用程序开发环境（ADE）写入到 PC 缓存中。然后这些样本从 PC 缓存传输到 DAQ 板卡 FIFO 中以进行生成。每个 NI - DAQmx 写入函数的示例包含一个自动开始输入接线端，用于在任务没有显式启动时判定该函数是否隐式启动任务。在 NI - DAQmx 开始任务一节已介绍过，在显式启动硬件定时生成任务时，应使用 NI - DAQmx 开始任务函数。如果需要多次执行 NI - DAQmx 写入函数，则还应使用该函数来使性能最优化。NI - DAQmx 写入 VI 如图 5-28 所示。图 5-29 显示了 4 个不同 NI - DAQmx 写入 VI 函数的示例。

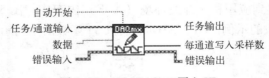

图 5-28　NI - DAQmx 写入 VI

图 5-30 所示的 LabVIEW 程序框图显示的是 NI - DAQmx 写入函数的不同示例，用于实现有限模拟输出生成，其中一个"假/False"布尔常量连接至 NI - DAQmx 写入 VI 的自动开始输出，这是由于该生成是硬件定时的。NI - DAQmx 写入 VI 已进行配置，会通过一个模拟输出通道以模拟波形的形式将写入的采样点数据进行输出。

图 5-29　4 个不同 NI－DAQmx 写入函数的示例

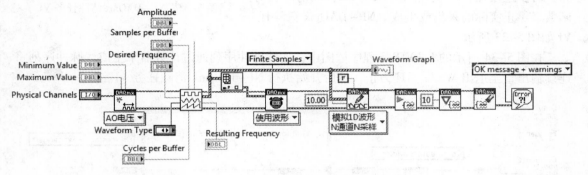

图 5-30　NI－DAQmx 写入函数的不同示例

8."NI－DAQmx 结束前等待" 函数

"NI－DAQmx 结束前等待" 函数用于等待数据采集完毕后结束任务。该函数可确保指定的采集或生成完成后任务才停止。大多数情况下,"NI－DAQmx 结束前等待" 函数用于有限点操作的情况。一旦该函数执行完毕,则表示有限点采集或生成已完成,任务可在不受影响操作的情况下停止。此外,超时输入可用于指定最长等待时间。如果采集或生成没有在该时间内完成,则函数将退出并输出一个相应错误。NI－DAQmx 结束前等待 VI 如图 5-31 所示。

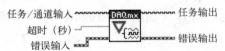

图 5-31　NI－DAQmx 结束前等待 VI

在图 5-32 所示的 LabVIEW 程序框图中,NI－DAQmx 结束前等待 VI 用于确认有限模拟输出完成后才将任务清除。

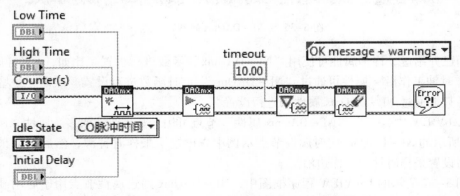

图 5-32　NI－DAQmx 结束前等待 VI 应用示例

9. "NI - DAQmx 清除任务" 函数

"NI - DAQmx 清除任务" 函数用于清除指定的任务。如果任务正在运行，则函数将先停止任务，然后释放任务所有的资源。一旦任务被清除后，除非再次创建，否则该任务就无法再使用。所以，如果需要再次使用任务，则应使用 NI - DAQmx 停止任务函数来停止任务，而不是将其清除。对于连续操作，应使用 "NI - DAQmx 清除任务" 函数来停止实际的采集或生成。NI - DAQmx 清除任务 VI 如图 5-33 所示。

图 5-33　NI - DAQmx 清除任务 VI

在图 5-34 所示的 LabVIEW 程序框图中，连续脉冲序列通过计数器来生成。脉冲序列将连续输出直至退出 While 循环为止，然后开始执行 NI - DAQmx 清除任务 VI。

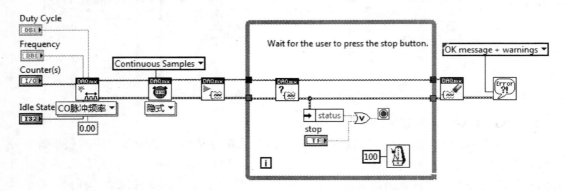

图 5-34　在任务的最后使用 NI - DAQmx 清除任务函数示例

10. "NI - DAQmx 属性" 节点

通过 "NI - DAQmx 属性" 节点（如图 5-35 所示）可以访问与数据采集操作相关的所有属性。这些属性可通过 "NI - DAQmx 属性" 写入来进行设置，并且当前的属性值也可以通过 "NI - DAQmx 属性" 读取。

图 5-35　"NI - DAQmx 属性" 节点

前面已介绍过，许多属性可使用 "NI - DAQmx" 函数进行设置。比如，"采样时钟源" 和 "采样时钟工作沿" 属性可通过 "NI - DAQmx" 定时函数进行设置。然而，一些较少使用的属性只能通过 NI - DAQmx 属性来进行设置。

在 LabVIEW 中，一个 "NI - DAQmx 属性" 节点可用于写入或读取多个属性。例如，在图 5-36 所示的 NI - DAQmx 定时属性节点示例中先设置了采样时钟源，然后读取采样时钟源，最后设置采样时钟的工作边沿。

在图 5-37 所示的 LabVIEW 程序框图中，NI - DAQmx 通道属性节点用于启用硬件低通滤波器，然后设置滤波器的截止频率，以便进行应变测量。

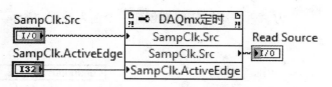

图 5-36　NI-DAQmx 定时属性节点示例

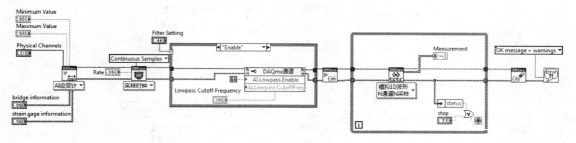

图 5-37　NI-DAQmx 通道属性节点用于启用硬件低通滤波器示例

NI-DAQmx 可通过多种方式来帮助节省开发时间，并提高数据采集应用的性能，其中一种方式是提供仅需使用少量函数却可实现大部分功能的 API。也就是说，通过熟练掌握本节介绍的 10 个函数，便可解决绝大多数情况下所遇到的数据采集问题。

5.3　任务 3　设计 DAQmx 采集与生成 VI

要求：在同一数据采集设备上，实现模拟输入与模拟输出通道的同步采集与输出功能，使用 PCI-6221 数据采集板卡作为 DAQ 硬件。

分析：根据设计要求，需要明确的是，什么是"同步"的模拟采集与模拟输出。首先，两个不同通道它们的时钟边沿必须是对齐的，或者说它们需要共享同一个时钟采集与时钟生成信号的时钟基准，才能保证两个通道的采样/更新时钟信号边沿是对齐的；其次，既然是同步，那么就需要有一把统一的"发令枪"来指挥两者在同一时间开始工作。这就是通常所说的共享触发信号。明确了这两个要求之后，就可以借助 DAQmx 中的信号路由功能来配置采集任务了。

由于需要同时完成采集和生成功能，所以在程序框图中应对应地分别上下放置两个"DAQmx 创建虚拟通道"函数，并将上端 VI 的状态配置为"模拟输入/电压"，将下端 VI 的状态设置为"模拟输出/电压"，并为"物理通道""最大值""最小值"接线端分别创建对应的输入控件，创建 AI 电压及 AO 电压通道如图 5-38 所示。

在设置完虚拟通道之后，需要保证输入以及输出通道使用的是同一个时钟基准信号。应分别在两个创建虚拟通道函数后放置两个"DAQmx 定时"VI，并将其配置为"采样时钟"状态。为"采样模式"接线端

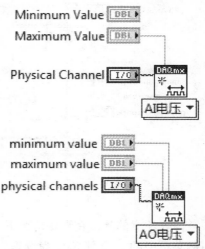

图 5-38　创建 AI 电压及 AO 电压通道

连接"连续采集"常量。为"采样率"接线端创建一个输入控件"Rate"。配置两个通道的采样时钟如图5-39所示。

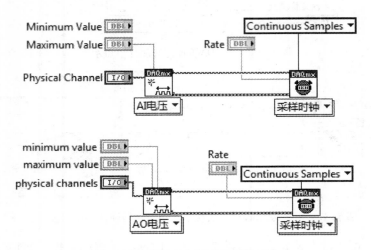

图5-39　配置两个通道的采样时钟

需要注意的是,要保证两个"DAQmx"定时VI的"源"输入接线端均不连接任何配置参数。因为在默认状态下,DAQmx定时函数将为每个通道配置PCI－6221板卡上的板载80 MHz时钟信号来作为输入采集及输出信号的时钟基准。当不连接任何参数至"源"接线端时,就相当于完成了共享时钟的工作。

为了能够在任务运行过程中获取实际通道工作的采样和更新速率,在程序框图中分别放置两个DAQmx定时属性节点,并同时在下拉菜单中选择"采样时钟→速率"命令,配置DAQmx定时属性节点如图5-40所示。

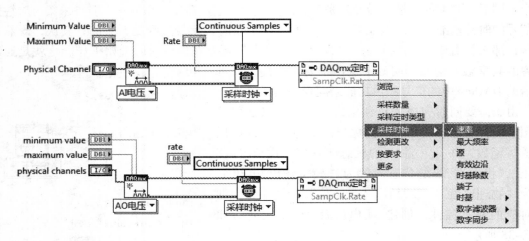

图5-40　配置DAQmx定时属性节点

需要注意的是,在默认情况下,DAQmx属性节点处于"写入"状态,故可以通过鼠标右键菜单中的"全部转换为读取"将其配置为"读取"状态,并为其输出创建"Actual Rate"的显示控件,将DAQmx属性节点设置为读取状态如图5-41所示。

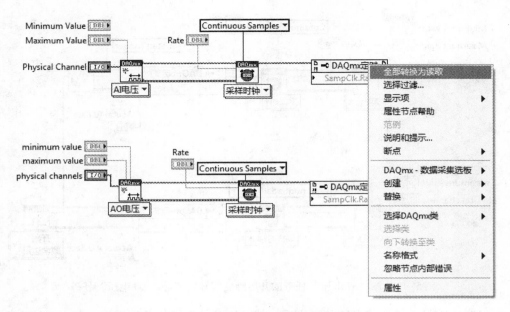

图 5-41 将 DAQmx 属性节点设置为读取状态

在完成时钟共享之后，就需要进行共享触发信号的工作了。在这里，上下两个任务都需要同时使用模拟输入 AI 通道的开始触发信号来进行同步。所以需要提供一个 VI 来提取"AI 电压"任务的这个开始触发信号，并传递至"AO 电压"任务的触发源配置中。在任务文件夹中找到 Get Terminal Name with Device Prefix. vi，这个 VI 中调用了 DAQmx 任务属性节点中的"设备名称"属性及"活动设备"属性，并经过一系列字符串操作函数之后拼接出一个有效的"触发信号端口名称"，该名称将被用于共享给其他 DAQmx 任务。Get Terminal Name with Device Prefix. vi 的程序框图如图 5-42 所示。

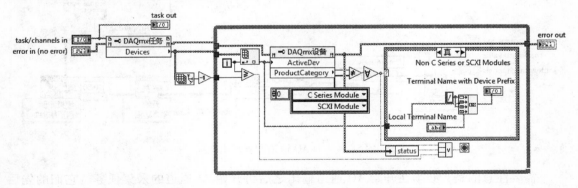

图 5-42 Get Terminal Name with Device Prefix. vi 程序框图

由于"AO 电压"任务需要借用 AI 任务的"开始触发"信号，所以需要在 AO 任务的数据流链路上添加"DAQmx 触发"VI 来接收 Get Terminal Name with Device Prefix. vi 所提取的"AI 电压"任务。将 Get Terminal Name with Device Prefix. vi 的 Terminal Name with Device Prefix 输出接线端连接到 AO 电压任务"DAQmx 触发 VI"的"源"输入接线端上，即将"AI 电压"任务的开始触发信号共享给"AO 电压"任务，如图 5-43 所示。

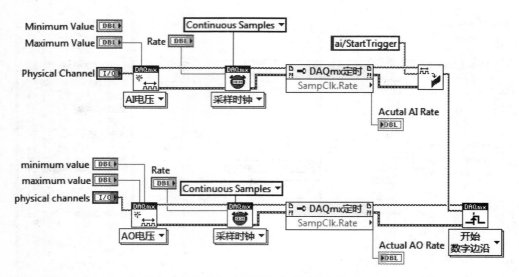

图 5-43   将 "AI 电压" 任务的开始触发信号共享给 "AO 电压" 任务

完成时钟信号及触发信号的共享之后，就可以开始后续任务的操作了。由于这个例子是 AO 通道借用了 AI 通道的 "发令枪"（AI 开始触发信号），所以需要首先开始 AO 通道的任务。在 AO 通道任务开始前，需要给出输出激励的数据内容。这里使用 "基本函数发生器" VI 的输出来作为 "DAQmx 写入" VI 的输入。为 AO 通道配置输出数据如图 5-44 所示。

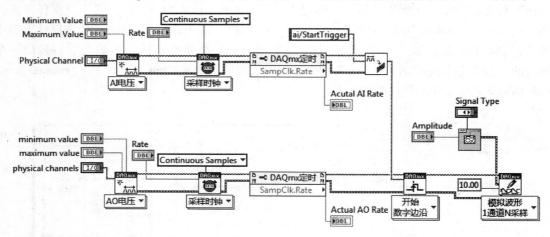

图 5-44   为 AO 通道配置输出数据

需要注意的是，必须在开始 AO 通道输出之后再开始 AI 通道的采集任务，它们的先后顺序将由 "错误簇" 所连接的数据流顺序决定的。依次开始 AO 及 AI 任务如图 5-45 所示。

由于 AI 及 AO 均为 "连续采集"，所以在 While 循环中分别使用 "DAQmx 读取" 与 "DAQmx 任务完成" VI 来获取采集数据及检测生成任务是否出现错误。在 While 循环结束之后，使用 "DAQmx 清除任务" VI 来释放硬件资源。完整的 AI AO 同步采集与生成程序框图如图 5-46 所示。

AI AO 同步采集与生成的程序前面板如图 5-47 所示。其中包含了输入输出物理通道、输入采样率及输出更新率以及输出信号类型幅度的相应设置选项。

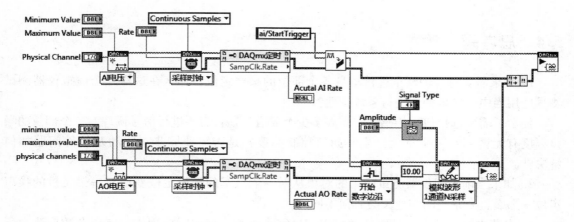

图 5-45　依次开始 AO 及 AI 任务

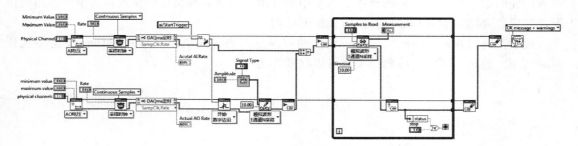

图 5-46　完整的 AI AO 同步采集与生成程序框图

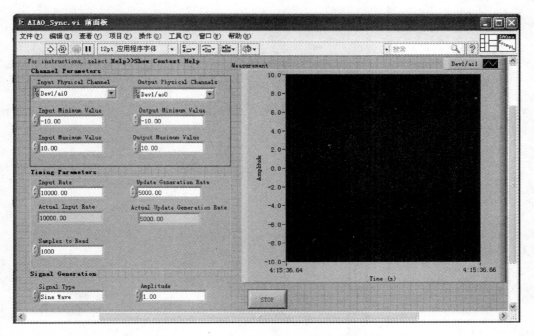

图 5-47　AI AO 同步采集与生成的程序前面板

5.4 思考题

1. 如果需要对一辆汽车进行车身各个部位的噪声定位,那么在这样一个虚拟仪器测试测量应用当中,应该如何进行系统构建?

提示:需要选择何种传感器?需要多少个通道?是否需要进行信号调理?各个部位的噪声幅度有无区别?频率有无区别?如何控制精度?是否需要同步?驱动及软件问题如何解决?

2. 如果当前虚拟仪器测量应用的对象从对一辆汽车的噪声定位变成对一架飞机的噪声定位,那么整个系统的构建又会有何不同?

3. 本节中介绍了 10 个最常用的 NI – DAQmx 函数,在实际应用中,它们在数据流中所放置的先后顺序有没有一定的规律?本节中所介绍的示例大都是单一输入或者单一输出的情况,如果需要同时输入和输出,则应该如何处理?

提示:通过观察单一输入、单一输出的程序范例来寻找规律。NI – DAQmx 支持多线程同时调用,通过后面的具体测控项目可以找到答案。

第 2 篇　基于 LabVIEW 的测控系统

项目 6　交通灯控制系统

在城市道路的交叉路口通常设置有绿灯、黄灯和红灯 3 种状态的交通灯，它们的作用是：当绿灯亮时，表示车辆可通行；当黄灯亮时，提醒正在交叉路口中行驶的车辆赶快离开；当红灯亮，车辆要在停车线后停驶。

交通灯涉及两个方向车流的控制，何时亮何种颜色的灯，时长多久，对这些都需要进行逻辑分析和运算。目前更复杂的交通灯还带有左转和右转提示灯。

6.1　项目描述

6.1.1　项目目标

1）了解交通灯的工作流程。

2）熟悉实验平台 nextboard。

3）学习 LabVIEW 中的数据采集编程方式。

4）学习数据采集系统的组成。

5）进一步熟悉 LabVIEW，学习使用 LabVIEW 编写交通灯控制程序。

6.1.2　任务要求

交通灯是城市交通中不可缺少的重要工具，是城市交通秩序的重要保障。本系统是实现常见十字路交通灯功能。通过编程，实现配置各种灯的时间，控制各个灯的状态等。一个十字路口的交通一般分为两个方向，每个方向都具有红灯、绿灯和黄灯 3 种交通灯，两个方向的灯的状态是相关的，现给出如下设定。

1）东向红灯亮，北向绿灯亮，时长为 9 s。

2）东向红灯亮，北向黄灯亮，时长为 3 s。

3）东向绿灯亮，北向红灯亮，时长为 9 s。

4）东向黄灯亮，北向红灯亮，时长为 3 s。

6.1.3　实验环境

硬件设备：计算机、NI PCI – 6221 数据采集卡、Nextboard 实验平台、Nextwire_20（交通灯实验模块）。

软件环境：LabVIEW（2011 以上版本）、nextpad。

说明：

1）在做实践项目之前，应将数据采集卡安插在计算机主机箱的 PCI 插槽中，在计算机中也要安装 LabVIEW 软件和采集驱动程序 DAQmx；数据采集卡与 nextboard 实验平台之间通过标准数据线连接，并安装 nextpad 以及实验模块的 next 文件。使用时，只需要把选定的模块安置在 nextboard 平台相应的槽位上即可。值得注意的是，当模块处于 nextboard 的不同槽位时，所使用到的硬件通道是有差别的。后面的项目也是如此，不再赘述。

2）NI PCI – 6221 是一款通用的多功能 DAQ 设备，总线类型为 PC。上位机操作系统可以是 Mac OS、Windows、实时系统、Linux 等。测量类型有数字、频率、正交编码器、电压。

① 模拟输入通道有 16 个，可采用单端输入和差分输入。分辨率为 16 bits、采样率为 250 kS/s，最大电压范围为 – 10 ～ 10 V。

② 模拟输出通道两个，分辨率为 16 bits，最大电压范围为 – 10 ～ 10 V，频率范围为 833 kS/s，单通道电流驱动能力为 5 mA。

③ 数字 I/O 双向通道 24 个，最大时钟速率为 1 MHz，逻辑电平为 TTL。

④ 计时器/定时器两个。

⑤ DMA 通道两个，最大信号源频率为 80 MHz，最小输入脉冲宽度为 12.5 ns，分辨率为 32 bits，时基稳定度为 50 ppm，逻辑电平为 TTL。

⑥ 该设备的外形尺寸为长 15.5 cm、宽 9.7 cm，I/O 连接器为 68 – pin VHDCI 母头。

3）nextwire_20 模块采用 6 个发光二极管模拟交通灯，交通灯电路原理图如图 6–1 所示。当没有 nextboard、nextpad 和实验模块时，只要用发光二极管自己搭建一个交通灯电路，把信号输入端与数据采集卡的数字 I/O 端子相连即可。

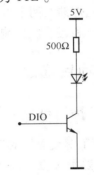

图 6–1　交通灯电路原理图

6.2　任务1　学习使用 nextboard 和 nextpad

nextboard 实验平台和 nextpad 软件平台是北京中科泛华测控技术有限公司生产的教学实验平台。nextboard 上有 6 个槽位，可放置实验模块，槽位有模拟信号（Analog Slot）和数字信号（Digital Slot）之分。要将模拟信号模块安置在 nextboard 的模拟槽位上，将数字信号模块放在数字槽位上。比如，对交通灯模块 nextwire_20 为数字信号模块，使用时应将其放在数字槽位上。

1. 检测模块是否能够正常使用

将 nextwire_20 模块安置在 nextboard 平台的数字信号槽位（Digital Slot）1 或 2 上，打开 nextboard 电源。用鼠标双击 Launch nextpad 图标，或从开始菜单打开 nextpad，nextpad 软件平台如图 6–2 所示。用鼠标双击图 6–2 中右下方的"nextboard"图标，出现图 6–3 所示的 nextboard 助手界面。在该界面上选择左侧第二个图标"模块分布"，即打开模块分布界面，如图 6–4 所示。可见，此时的交通灯模块被安置在数字信号的第 1 号槽位上。单击下方的开关，关闭该窗口，即返回到图 6–2 所示界面。

图 6-2　nextpad 软件平台

图 6-3　nextboard 助手界面

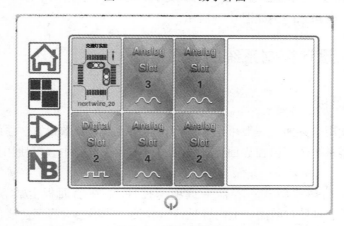

图 6-4　模块分布界面

2. 获取物理通道号

1）用鼠标双击如图 6-2 所示 nextpad 软件平台上的传感器文件夹图标，进入传感器实验选择界面，在该界面中提供了多种传感器实验选择项，其中的编号与硬件模块一一对应。本项目中使用交通灯模块 nextwire_20，因此选择"20"选项，打开交通灯实验界面，如图6-5所示。其中有"元件介绍"、"实验内容"、"程序演示"、"实验面板"等选项。

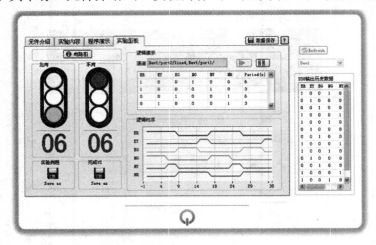

图6-5　交通灯实验界面

2）选择"实验面板"，打开图6-5所示的界面，在该界面的"通道"输入控件的位置显示此时交通灯模块对应的物理通道号。改变实验模块位置后，单击界面右上角的"Refresh"按钮，刷新通道号。当实验模块在 Digital Slot 1（数字1）位置时，各个交通灯的地址分别为 port2.4、port1.6、port2.6、port2.2、port2.1 和 port2.0。

3. 运行给定的例程

单击该界面上的"运行"按钮，观察到交通灯已按照规定的顺序依次被点亮，说明硬件设备一切正常。

4. 查看电路图

在图6-5所示的位置单击鼠标左键，就会展开电路图。图中用 6 个彩色发光二极管模拟交通灯，电路原理图如图6-1所示。

6.3　任务 2　设计控制系统的前面板

6.3.1　布置前面板

在前面板设计用户界面，一般可把系统运行监控界面与参数设置、系统配置、系统介绍等分开放置，使得系统运行监控界面更加简洁、清晰。在设计中，可使用选项卡空件来实现上述要求。

在控件选板中选择"新式→容器→选项卡控件"，在前面板上放置选项卡控件，如图6-6所示。选项卡只是对前面板上内容进行了分类，并不会对程序造成任何影响。

在选项卡控件上用鼠标右键单击，在显示项中去掉标签选项。把"选项卡1"修改为"系统描述"，把"选项卡2"修改为"通道设置"。在选项卡控件上用鼠标右键单击，选择"在后面添加选项卡"选项，并把该选项修改为"交通灯控制"。

在"系统描述"选项卡中，对系统进行简单的描述；在"交通灯控制"选项卡（如图6-7a所示）中，放置该系统所需的输入和显示控件，在 VI 运行中，该选项卡界面是人

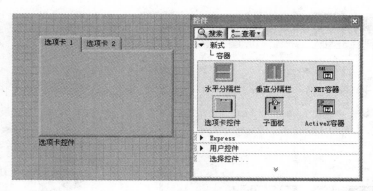

图6-6 放置选项卡控件

机交互界面；在"通道设置"选项卡（如图6-7b所示）中放置通道号。交通灯控制前面板如图6-7所示。

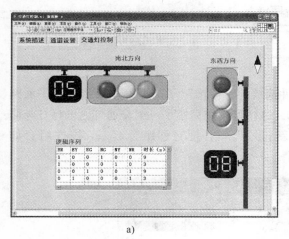

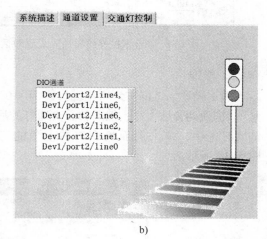

a)   b)

图6-7 交通灯控制前面板

a)"交通灯控制"选项卡   b)"通道设置"选项卡

6.3.2 设计交通灯控件

1. 控件的属性设置

1）在前面板上打开控件选板，在布尔控件子选板里面找到指示灯，放置在前面板上。在控件上用右键单击鼠标，在打开的快捷菜单中，把"显示项"里面"标签"选项的钩选取掉。

2）将鼠标移动到该控件上，出现拖拽工具，把它拖拽到合适的大小。

3）复制3个控件，可以选中该控件，然后按住〈Ctrl〉键移动鼠标，也可以直接复制粘贴。

4）把3个控件从上到下排列整齐。将发光颜色依次设置为红、黄、绿，熄灭颜色都设置为灰色或者是透明。设置颜色属性的方法是：在控件上单击鼠标右键，在打开的快捷菜单上选择"属性"选项，打开布尔控件的属性设置对话框，如图6-8所示。在右下方的"开"或者"关"的颜色框中单击鼠标左键，就会弹出颜色选择窗口，可根据需要选择颜色，也可以选择颜色窗口右上角的"T"来达到透明效果。设置好的三色交通灯如图6-9所示，中间的黄颜色为关闭状态。

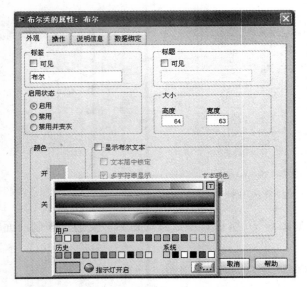

图6-8 "布尔控件的属性"设置对话框

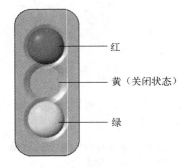

图6-9 设置好的三色交通灯

2. 修饰

为了美观,可以对交通灯进行修饰。在控件选板的"修饰"子选板 里面选择"平面圆盒",拖拽到合适大小,然后移至交通灯的后面,这样就制作完成了一组交通灯。可将灯与修饰同时选中,单击前面板窗口右上角的"重新排序"键,把它们组合起来。控件组合如图6-10所示。

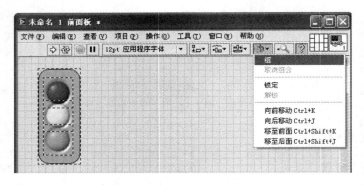

图6-10 控件组合

3. 将控件组合为簇

1)将组合为簇。在前面板的控件选板中找到"数组、矩阵与簇"子选板,把簇放置在前面板上,拖拽到能容纳下交通灯布尔控件的位置上。选中交通灯,拖进簇的框架里面。

2)调整簇为合适大小。在簇的边框上用鼠标右键单击,从打开的快捷菜单中选择"自动调整大小"→"调整为匹配大小",调整簇框架的大小如图6-11所示。

3)美化外观。为了美观,可隐藏簇本身的样子。在前面板的菜单栏中,选择"查看→工具选板",单击颜色选板,将后色板的颜色都选择为透明,即颜色选板右上角的"T"。使用该色彩,对簇的外框涂色,就可完全隐藏簇的外框。

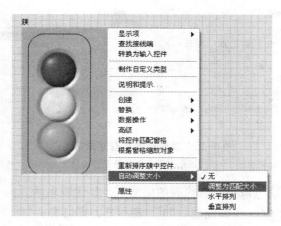

图 6-11　调整簇框架的大小

4）编辑文本。在标签"簇"字的位置上双击鼠标左键，把簇的标签修改为"东西方向"，并对文字进行移动、修改大小、修改颜色等。

5）按照上述做法，再制作南北方向的交通灯。将南北方向交通灯水平排列，从左到右依次是红、黄、绿。

6）簇元素排序。在这样操作之后，每个簇中包含有 3 个布尔控件。簇元素的逻辑顺序与其在簇内的位置无关。用鼠标右键单击簇外框，从快捷菜单选择"重新排序簇中控件"，查看菜单栏下方所显示的数值。需要将哪一个簇元素设置为当前的数值顺序，就用鼠标单击那个簇元素，将其设定为所指定的逻辑顺序。完成后，单选 ☑；若要取消设定，则单选 ☒。包含簇中元素的顺序，最好与外部硬件资源所对应的交通灯一致，即东西方向顺序是红、黄、绿，南北方向顺序是绿、黄、红。图 6-12 所示为对交通灯簇元素重新排序。

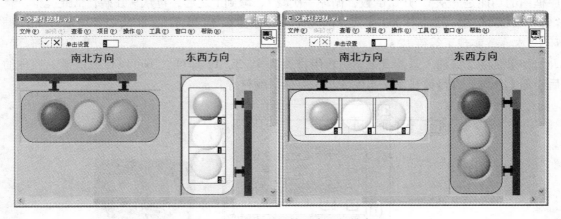

图 6-12　对交通灯簇元素重新排序

6.3.3　制作表格

使用表格控件来存放显示每个方向交通灯的逻辑序列及时长信息。选择前面板的控件，即选板→系统→列表、表格和树→系统表格，放置表格控件（如图 6-13a 所示）于前面板上，修改其标签为"逻辑序列"。用鼠标右键单击表格控件选择"显示项→列首"，如图 6-13b 所示。

逻辑序列

ER	EY	EG	NG	NY	NR	时长（s）
1	0	0	1	0	0	9
1	0	0	0	1	0	3
0	0	1	0	0	1	9
0	1	0	0	0	1	3

逻辑序列

ER	EY	EG		
1	0	0	显示项 ▶	标签
1	0	0	查找接线端	标题
0	0	1	转换为显示控件	索引框
0	1	0	制作自定义类型	✓垂直滚动条
			说明和提示…	✓水平滚动条
			创建 ▶	行首
			替换 ▶	✓列首
				✓垂直线
				✓水平行

a)　　　　　　　　　　　　　　　b)

图6-13　表格控件及右键菜单使用

a）表格控件　b）用鼠标右键单击表格控件选择"显示项→列首"

在表格的列首中，填写每一列所代表的信号灯。E代表东西方向、N代表南北方向；R、Y、G分别代表红、黄、绿；逻辑信息，"1"表示真，即灯亮；"0"表示假，即灯灭；时长（s）表示每种状态所保持的时间。表格中一行表示某一个时刻6个LED灯的状态及时长。

在表格中存放的数据类型为字符串型的二维数组，其在程序框图中接线端子的颜色为粉色。作为列首的提示信息，不会直接出现在接线端子所传递的数据中。若想在程序框图中引用表格列首的信息，则需要使用属性节点来实现。

6.3.4　用For循环实现倒计时显示

1. 普通数值显示

在十字路口，除了交通灯之外，还有红绿灯时间倒计时的显示。从图6-13a所示的表格控件中发现，当一个方向绿灯和黄灯时，另一个方向均为红灯。红灯亮的时间是绿灯与黄灯亮的时间之和，因此，东西方向灯亮的顺序和时间为红灯12 s、绿灯9 s、黄灯3 s，南北方向为绿灯9 s、黄灯3 s、红灯12 s。可以利用For循环的索引功能来实现。图6-14a所示程序框图的功能是先从12开始倒数，循环一次减1，减到1之后，再从9开始，依此类推。将"等待（ms）"输入常量1 000东西方向倒计时（如图6-14所示），相当于等待1 s，如果循环12次，就实现了等待12 s。

如果是南北方向，只需要把索引数组修改为9、3、12即可。还可以在数值显示控件的后面加上修饰，并修改显示文本的大小、字体、颜色等。

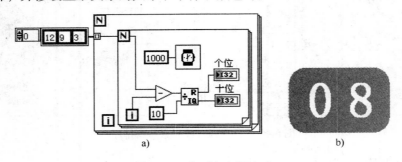

a)　　　　　　　　　　　　　　b)

图6-14　东西方向倒计时

a）程序框图　b）普通数值显示

2. 数码管数值显示

为了美观，也可以自己绘制数码显示图片，然后保存为bmp格式，用"读取bmp图片"函数读取，该函数在函数选板的"编程→图形与声音→图形格式"中。然后用函数选板

"编程→图形与声音→图片函数→绘制平滑像素图"函数绘制图片。数码一共有 10 个，可用 For 循环读取 10 次，图片位置数组可用来输入放置图片的位置地址。这样就生成一个图片数组，其程序框图如图 6-15a 所示。把这个数组转为常量数组，就完成了数码图片数组的制作。数码图片数组如图 6-15b 所示。

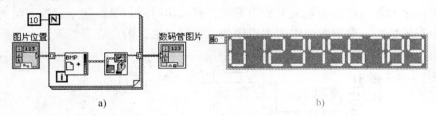

图 6-15　数码图片数组的制作

a）生成数码图片数组的程序框图　b）数码图片数组显示

对应的倒计时的程序框图如图 6-16a 所示。它与图 6-14 所示功能的差别是，不直接显示个位和十位数值，而是把个位和十位数值作为索引，找到对应数码图片的位置，然后显示该图片。把该图片捆绑成簇，在前面板进行适当修饰。

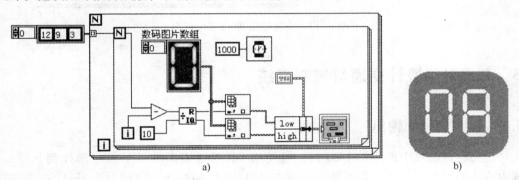

图 6-16　用图片数组实现倒计时

a）程序框图　b）数码图片数组显示

6.4　任务3　实现交通灯控制的逻辑功能

字符串不便于用做数值运算，这是因为需要将表格的字符型数组转换为数值类型的数组。在 LabVIEW 中很多函数都可以做多种类型的运算，如加减乘除，可以针对标量，也可以针对数组、簇、波形等数据。同样的，数值类型的转换函数，既可以针对单个标量，也可以作用于整个数组。

函数 "十进制数字符串至数值转换"可以将字符串转换为数值。选择路径是，程序框图→函数选板→字符串→字符串/数值转换→十进制数字符串至数值转换。

在转换后得到的整形数组中包含有两组信息，一组为交通灯的逻辑信息，一组为延时信息。需要将这两组信息分离。可使用函数 "删除数组元素"来完成信息的分离。选择路径是，程序框图→函数选板→数组→删除数组元素。将二维数组连接至函数的 "N 维数组"连线端口，将列的索引设定为 6，含义为将数组中第 6 列数值删除（即删除时长信息）函数。输出的两个数组："将已删除元素的数组子集"为逻辑序列二维数组；将"已删除的部分"为时长信息一维数组。将时长信息给等待函数，控制每次循环执行的时长，即每个状态保持的时长。

按照交通灯控制逻辑序列编写的交通灯控制 VI 程序框图如图6-17所示。将字表格中符串形式的逻辑序列表格转换为数值型数组形式，提取出时间信息，用于设置等待时长。再将数组转换为布尔数组，取出数组中的逻辑序列，控制交通灯的点亮和熄灭。

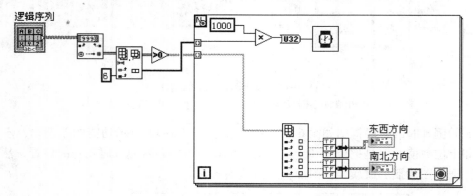

图 6-17　交通灯控制 VI 程序框图

6.5　任务 4　设计交通灯控制系统

6.5.1　数字信号的输出

对于交通灯模块中使用的 LED 灯，可使用 DO 通道输出的 TTL 信号来控制其亮、灭。系统中使用的数字通道产生高低电平，来控制 LED 灯的亮灭，完成对交通灯的逻辑控制。数字信号输出（DO）如图6-18所示，图为 LabVIEW 中数据采集中关于数字信号的生成。

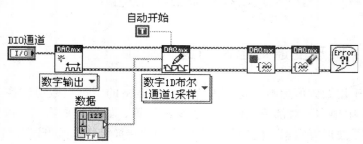

图 6-18　数字信号输出（DO）

DO 过程的流程是，创建数字通道，数字通道写操作，停止操作，清除资源，简单错误处理。其中，一般将数字通道写操作的 VI 放置在 For 循环或者 While 循环中。

在函数选板"测量 I/O→DAQmx - 数据采集"子选板中找到"DAQmx 创建虚拟通道"，放在程序框图界面上，单击图标上的下三角，展开多态选择对话框，选择"数字输出"选项，I/O 函数及其多态选择如图6-19所示。在该节点的"物理通道"输入端，创建输入控件"DIO 通道",用来输入每个交通等的控制通道。

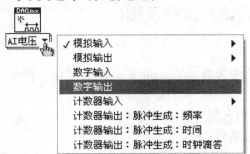

图 6-19 I/O 函数及其多态选择

把"测量 I/O→DAQmx－数据采集"子选板中的"DAQmx 写入"放置在"DAQmx 创建虚拟通道"函数后面,"DAQmx 写入"也是多态 VI,在它的多态选择器中选择"数字→单通道→单采样→1D 布尔";在"数据"输入端创建布尔型数组输入控件,命名为"数据";在"自动开始"输入端上连接"真"常量。

把"DAQmx 停止任务"、"DAQmx 清除任务"放置在右侧,在"编程→对话框与用户界面"中找到简易错误处理器,放置在最右边。

把每个节点的任务输入/任务输出和错误簇输入/输出按照图 6-18 依次连接,就完成了数字信号的生成 VI。

6.5.2 交通灯控制系统的程序框图

在图 6-17 所示的交通灯控制逻辑基础上,增加了 DO 过程。将"DAQmx 写入"放在循环框架内,将其他的节点都放在循环框外,因为只需创建一次虚拟通道,而进行多次数据写操作。当循环结束时,才进行停止、清除任务等操作。

在 For 循环边框上用鼠标右键单击,添加移位寄存器,用来存放任务和错误簇信息。把错误簇"按名称接触捆绑",将错误簇中的布尔分量连接至 For 循环的条件接线端,当发生错误时,停止条件为"真",即停止程序运行。

按照上述步骤,就完成了交通灯控制系统的程序框图,如图 6-20 所示。

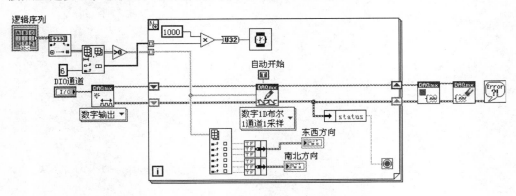

图 6-20 交通灯控制系统的程序框图

6.6　任务 5　系统调试、运行及测试

步骤：

1）将 nextwire_20 模块安置在 nextboard 平台的数字信号槽位（Digital Slot）1 或 2 上，打开 nextboard 电源。

2）根据模块放置的槽位，填写物理通道号。

① Digital Slot 1 位置通道号：

Dev1/port2/line4，Dev1/port1/line6，Dev1/port2/line6，Dev1/port2/line2，Dev1/port2/line1，Dev1/port2/line0

② Digital Slot 2 位置通道号：

Dev1/port2/line5，Dev1/port1/line7，Dev1/port2/line7，Dev1/port2/line3，Dev1/port1/line4，Dev1/port1/line3

3）运行调试 VI，观察运行结果。

4）进行测试，记录数据，截取图片。

5）完成项目报告。

6.7　思考题

1. 在本系统中，按照要求点亮交通灯后即停止运行程序。如何让系统连续运行，直到按下停止按钮为止？

2. 在系统运行中，如何实现系统紧急停止功能？

3. 如何实现带有左转灯和右转灯的更复杂的交通灯系统？

项目7 温度预警系统

在日常生产和生活中，经常用到温度测量，温度测量用的仪器仪表和传感器种类也很多。要想把温度信号送入计算机中进行显示、分析和处理，用虚拟仪器设计非常方便。用温度传感器采集温度信号，送到调理电路，转变成标准的电压、电流等信号，然后经过数据采集卡，送到上位机。在微型计算机上编写监控程序，可以对温度信号进行实时监控，并能够对数据进行分析、处理、存储等。本项目就是用虚拟仪器来设计一个完成这样功能的温度预警系统。

7.1 项目描述

7.1.1 项目目标

1）了解常用温度传感器。
2）学习 LabVIEW 中的数据采集编程方式。
3）学习模拟信号采集系统的完整组成。
4）进一步熟悉 LabVIEW，使用 LabVIEW 编写数据采集程序。

7.1.2 任务要求

测试当前温度，根据设定的温度上限值及下限值，判定当前有无警报。报警类型分为高温警报、无警报和低温警报。每种警报都有文字提示，有不同颜色的警报灯显示（如高温为红色，低温为蓝色，正常为绿色）。当前温度数值用多种方式显示，如数值形式、波形图和温度计。

7.1.3 实验环境

硬件设备：计算机、NI PCI – 6221 数据采集卡、nextboard 实验平台、nextsense_01（热电偶模块）。

热电偶测温电路如图 7-1 所示。图中左侧是热电偶电路，右侧为 LM35D 集成温度传感器。

（1）热电偶

热电偶是温度测量中最常用的温度传感器。其优点是宽温度范围和适应各种大气环境，并且结实、价低，无需供电，故被广泛应用于工业现场。热电偶由在一端连接的两条不同金属线（金属 A 和金属 B）构成，当热电偶一端受热时，热电偶电路中就有电势差。可用测量的电势差来计算温度。

热电偶所测的电压和温度之间是非线性关系，因此需要为参考温度（Tref）作第二次测

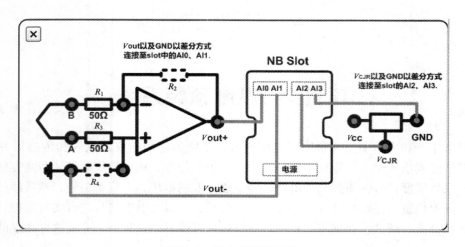

图 7-1 热电偶测温电路

量，并利用测试设备软件或硬件在仪器内部处理电压—温度变换，最终获得热偶温度（T_x）。

常见的热电偶种类有 T 型、E 型、J 型、K 型、N 型、B 型、R 型和 S 型。本项目中使用 J 型热电偶，又称铁—康铜热电偶。该热电偶的覆盖测量温区为 -200 ～ 1200℃，但通常使用的温度范围为 0 ～ 750℃。J 型热电偶具有线性度好、热电动势较大、灵敏度较高、稳定性和均匀性较好以及价格便宜等优点。

（2）集成温度传感器

LM35D 是把测温传感器与放大电路制作在一个硅片上，形成一个集成温度传感器。LM35 系列是精密集成电路温度传感器，其输出的电压线性地与摄氏温度成正比。因此，LM35 比按绝对温标校准的线性温度传感器优越得多。LMD 灵敏度为 10mV/℃，工作温度范围为 0 ～ 100℃，工作电压为 4 ～ 30 V，精度为 ±1℃，最大线性误差为 ±0.5℃，静态电流为 80 μA。该温度传感器最大的特点是使用时无需外围元器件，也无需进行调试和较正（标定），与读出或控制电路接口简单和方便，可单电源和正负电源工作。本项目中采用 LM35D 测量环境温度，作为热电偶的冷端温度补偿。

软件：LabVIEW（2011 以上版本）、nextpad、采集卡驱动。

7.2 任务1 设计系统前面板

选择选项卡控件，放置在前面板上。在选项卡控件上用鼠标右键单击，在显示项中去掉标签选项。将"选项卡 1"修改为"系统描述"，将"选项卡 2"修改为"温度监控"。在选项卡控件上用鼠标右键单击，选择"在后面添加选项卡"选项，并把该选项修改为"硬件资源"。

在"系统描述"选项卡中，对系统进行简单的描述。

在"温度测试"选项卡中，放置该系统所需要的输入和显示控件以及记录历史曲线的波形图表。在 VI 运行中，温度监控预警系统"温度测试"选项卡如图 7-2 所示。图中："上限"和"下限"数值输入控件用来设置温度的上下限；"当前温度℃"显示控件用来显示测量的实时温度，为了形象地显示该温度，还在右侧的温度计控件上显示；"警示"指示灯用来显示温度报警的状态，温度过高或过低时，指示灯闪烁，温度正常时，无闪烁；"报警提示"字符串显示控件用来显示报警文本；"温度走势图"用来显示一段时间的温度走势。

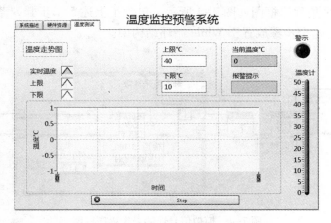

图 7-2　温度监控预警系统"温度测试"选项卡

温度监控预警系统"硬件资源"选项卡如图 7-3 所示。该选项卡显示硬件的配置情况。图中的 AI2 通道用来采集冷端补偿温度、AI0 用来采集测点温度。本项目中可以使用 J 型热电偶，增益 Gain 的大小根据硬件连接来确定。在图 7-1 中的 R_1、R_3 为 50 Ω，当 R_2 和 R_4 选择 10 kΩ 时，Gain 为 200。

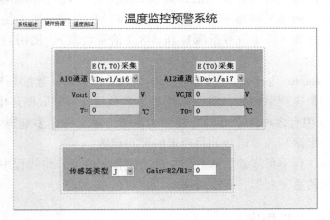

图 7-3　温度监控预警系统"硬件资源"选项卡

7.3　任务 2　采集温度信号

7.3.1　模拟信号采集

数据采集是使用计算机测量电压、电流、温度、压力或声音等电子、物理现象的过程。一个数据采集系统由传感器、数据采集测量硬件和带有可编程序软件的计算机组成。与传统的测量系统相比，基于 PC 的数据采集系统利用行业标准计算机的处理、生产、显示和连通能力，提供更强大、灵活且具有成本效益的测量解决方案。

LabVIEW 使用 DAQmx 驱动编写模拟信号采集的基本编程步骤是，配置资源→时钟设定→开始采集→ 读/写操作→关闭资源。

模拟信号连续采集程序框图如图 7-4 所示，包含了上述 5 个步骤，若是连续信号采集，则将 "读/写操作" 这个步骤放置于 While 循环结构中。

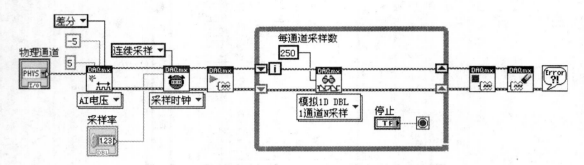

图 7-4   模拟信号连续采集程序框图

在配置硬件资源时，需要设定硬件连接信号的物理通道是哪一个 AI 通道，需要设定采集信号的信号电压范围（即电压最大值和最小值，最大值应小于等于 + 10 V，最小值应大于等于 – 10 V），需要设定信号的采样模式。本系统中使用的是差分模式（nextboard 上的实验模块，硬件资源已经内部路由好，使用的采集模式为差分方式），每路信号用两个 AI 通道做信号连接，信号正负两端分别与 AI(n) 和 AI($n + 8$) 相连接。例如使用 AI0 通道做信号连接，实际的使用端口为 AI0（信号正端）和 AI8（信号负端）。使用差分模式可以抑制共模电压和共模噪声。

时钟设定 VI（Sample Clock），用来设定采样率和采样方式（连续采样）。

将采样方式设定为连续采样后，需要将读写函数放置于 While 循环中。读操作的 VI 为多态 VI，其下拉选项中有多种选项可以配置，如单通道单采样、多通道 N 采样等。可根据实际的应用需求，设定读写的通道数和每通道的读写点数。

释放资源是优质线程不可或缺的部分。在读写操作完成后，将线程中使用到的硬件资源全部释放，便于资源的重复利用，提高效率。

7.3.2   热电偶温度采集程序

温度信号为模拟信号，模拟信号的采集程序框图如图 7-5 所示。在图中，While 循环左侧为通道资源设置。AI1 作为冷端温度测量输入通道，配置 E(T0)。AI1 通道采集范围（0 ~ 5 V）、差分模式。AI0 作为测点温度输入通道，配置 E(T, T0)。AI0 通道采集范围（0 ~ 10 V）、差分模式。温度采集的采样频率无需很高，每秒两个点的采集足矣，且无需很高精度的采样时钟，采样率设为 500，每个采样点采集 250 次，取平均值作为该点的测量值。

用 "索引数组" 函数，将测量数据中的测量点温度信号和冷端温度信号分离。分离后的信号分别经过均方根（Root Mean Square，RMS）算法处理，得到温度对应的电压数据。

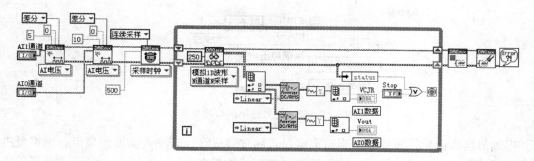

图 7-5　模拟信号的采集程序框图

其中的"直流平均—均方根"函数位于"函数→编程→波形→模拟波形→波形测量"子选板中,"获取波形"函数位于"函数→编程→波形→模拟波形"子选板中。在"直流平均—均方根"函数的"平均类型"输入端创建常量,选择类型为线性(linear)。

　　While 循环右侧,为停止任务 VI、清空任务 VI 以及简易错误处理 VI。使用这 3 个 VI,是良好编程习惯的体现。在任何时候,无论打开的是硬件资源还是文件 IO 资源,都需要在执行结束后,放置清空任务(或停止任务的 VI),以释放所占用的计算机资源。

7.4　任务3　分析处理温度信号

7.4.1　转换温度信号

　　在得到温度原始的电压数值后,根据使用的传感器类型、电压和温度间的数值转换关系,计算得到温度值。使用相应的"计算转换 VI",可实现这一功能。

　　电压温度转换的 VI 是 LabVIEW 自带的转换算法,数据缩放函数选板如图 7-6 所示,程序框图的函数选板是"编程"→"数值"→"缩放(scaling)"→"转换热电偶读数"。可以看到,热电阻也有对应的转换 VI,故使用其他两类温度传感器,也可以在此选板中选择转换函数。温度信号转换的程序框图如图 7-7 所示,图中的传感器类型为 J,其配置信息如图 7-3 所示。

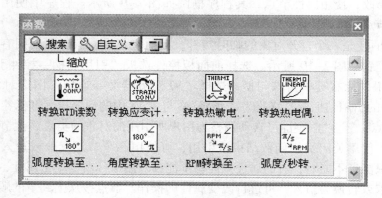

图 7-6　数据缩放函数选板

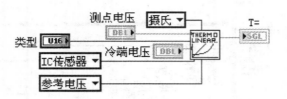

图 7-7　温度信号转换的程序框图

得到温度数值后，需要分析当前温度是否超过警戒线，若超过温度预警值，则需要进行文本格式、警报灯格式的报警。这些算法可以直接放置在 While 循环中，但为了提高程序的可阅读性，通常会将比较多的算法放置于子 VI 中。

7.4.2　温度信号的分析比较

温度信号的分析比较用子 VI 来实现，比较算法子 VI 实现如下功能。

1）把当前温度与温度的上、下限进行比较，判定当前的温度值是否超过警戒线，并给出文本方式的警报提示，温度比较的程序框图如图 7-8 所示。当温度高于上限时，显示"高温警报"；当温度低于下限时，显示"低温警报"；当温度在上、下限之间时，显示"温度正常"。

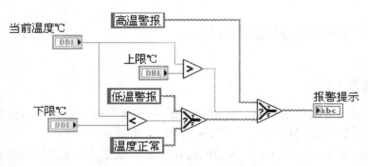

图 7-8　温度比较的程序框图

2）根据警报类型，设定警示灯"警示"是否闪烁。当报警提示为"高温警报"或"低温警报"时，报警指示灯闪烁；当报警提示为"温度正常"时，报警指示灯不闪烁。对警报灯属性的修改，使用属性节点，其程序框图如图 7-9 所示。程序中使用条件结构、引用句柄、属性节点来实现。

① 引用句柄是一个打开对象的临时指针，因此它仅在对象打开期间有效。一个引用句柄的选择和配置如图 7-10 所示。选择前面板控件选板"引用句柄→控件引用句柄"，拖放至面板上；用鼠标右键单击该句柄，选择"VI 服务器类→通用→图形对象→控件→布尔"。将创建好的引用句柄标签修改为"预警"，与主 VI 中的预警指示灯标签保持一致。

② 属性节点 Bool (strict) 可自动调整为用户所引用的对象的类。属性节点可打开或返回引用某对象，使用关闭引用函数结束该引用，可使用一个节点读取或写入多个属性。但是，有的属性只能读不能写，有的属性只能写不能读。用鼠标右键单击属性，在快捷菜单中选择转换为读取或转换为写入，可进行改变属性的操作。节点按从上到下的顺序执行。如属性节点执行前发生错误，则属性节点不执行，因此有必要经常检查错误发生的可能性。

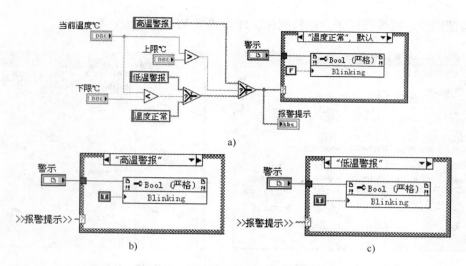

图 7-9 报警指示灯属性的程序框图

a）正常警示灯无闪烁　b）高温警示灯闪烁　c）低温警示灯闪烁

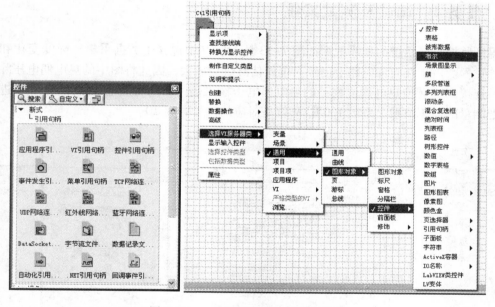

图 7-10 一个引用句柄的选择和配置

③ 创建一个控件的属性节点如图 7-11 所示。属性节点在函数选板→应用程序控制。创建一个属性节点后，用鼠标右键单击该节点，选择全部转换为写入。将布尔量的引用句柄连接至属性节点的"引用"端，该属性节点所指向的对象为布尔类型的，可修改布尔型对象的各种属性。单击"属性"选择"闪烁"，就完成了该布尔控件—指示灯的闪烁属性设置。把该属性节点分别放置在条件结构的 3 个分支中，在"高温警报"和"低温警报"分支给该属性连接一个"真常量"，使警示灯闪烁；在"温度正常"分支连接一个"假常量"，使警示灯不闪烁。

编辑完成程序框图后，还要进行图标和连线板的编辑，比较算法子 VI 前面板如图 7-12

所示。按照图中连接连线端子，编辑图标，即完成子 VI 的设计。

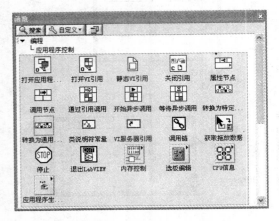
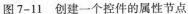

图 7-11　创建一个控件的属性节点

图 7-12　比较算法子 VI 前面板

7.5　任务 4　调试及测试系统

　　温度监控预警系统的程序框图如图 7-13 所示，其中包含了数据采集、标度变化和数据分析等过程。由于在硬件电路上已经对电压信号进行放大，因此将图中的热电偶电压除以增益后，连接到"转换热电偶读数"的热电偶电压输入端。图的冷端电压采用 LM35D 进行测量，把测量的电压值乘上系数 100℃/V 就是对应的冷端温度 T0。

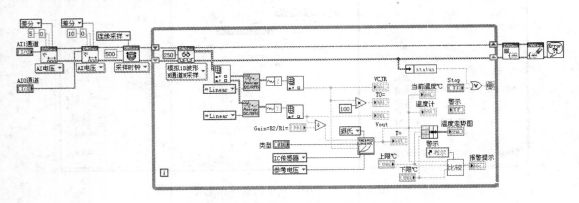

图 7-13　温度监控预警系统的程序框图

　　调试及测试系统的步骤如下。

　　1）将 nextsense_01 模块安置在 nextboard 平台模拟信号槽位上。

　　2）选择热电偶模块上的两个 10 kΩ 电用导线连接到 R_2、R_4 上，此时获得增益为 Gain = R_2/R_1 =200。把 J 型热电偶连接到 A、B 两个接线柱上。

　　3）打开自己编写的 VI。

　　4）把通道号填写到自己的 VI 道号中，运行调试 VI。槽位对应的通道号如表 7-1 所示。

表 7-1　槽位对应的通道号

位　　置	测点温度	冷端温度	位　　置	测点温度	冷端温度
Analog Slot 1	ai2	ai3	Analog Slot 3	ai6	ai7
Analog Slot 2	ai0	ai1	Analog Slot 4	ai4	ai5

5）进行温度测量，记录数据，截取图片。

6）数据分析整理，完成项目报告。

7.6　思考题

1. 如何实现上限报警指示灯红色闪烁、下限报警指示灯蓝色闪烁？

2. 改变温度走势曲线图的背景颜色，当温度过高时，背景变为红色；当温度过低时，背景变为蓝色。

3. 利用热电偶模块 nextsense_01 上的 LM35D 温度传感器采集被测温度，并进行温度数据分析处理，实现温度采集、显示、报警等功能。

项目 8 智能电子秤的设计与应用

电子秤在人们的日常生活中很常见。本项目应用 LabVIEW 软件、应变桥以及相应的电路，来实现电子秤的功能。

8.1 项目描述

8.1.1 项目目标

1）了解应变片原理、悬臂梁，学习电桥分析。

2）了解电子秤的原理。

3）进一步熟悉实验平台 nextboard、nextpad 。

4）进一步学习模拟信号采集系统。

5）学习使用 LabVIEW 的状态机编写智能电子秤 VI。

8.1.2 任务要求

设计电子秤，实现如下功能。

1）可测量 1 000 g 以内的质量。

2）可软件整定调零。

3）用数码管显示测试结果。

4）具有去皮（去除容器质量）等功能。

8.1.3 实验环境

硬件设备：nextboard 实验平台、NI PCI – 6221 数据采集卡、nextsense_06（应变桥实验模块）。

应变桥实验模块由贴有 4 个应变片的双孔悬臂梁和放大器组成。

1）应变片是由敏感栅等构成的用于测量应变的元件，使用时将其牢固地粘贴在构件的测点上，构件受力后由于测点发生应变，敏感栅随之变形而使其电阻发生变化，再由专用仪器测得其电阻变化的大小，并转换为测点的应变值。项目中使用的硬件模块，悬臂梁黏贴的是金属箔式电阻应变片。

2）双孔悬臂梁称重传感器是电子计价秤中广泛使用的传感器。其具有上下两个平衡梁。本实验中使用的应变桥模块，使用的就是双孔悬臂梁，将一端固定，另一端放置砝码。在双孔悬臂梁上贴有 4 个应变片，上下各有两片，其贴片示意图如图 8-1 所示。其中 R_1 与 R_3 形变量一致，R_2 与 R_4 形变量一致。因此，电桥输出电压为

$$U = \frac{E}{4}\left(\frac{\Delta R_1}{R_1} - \frac{\Delta R_2}{R_2} + \frac{\Delta R_3}{R_3} - \frac{\Delta R_4}{R_4}\right) = 4 \times \frac{E}{4} \times \frac{\Delta R}{R}$$

3）电桥。称重检测元器件上最常用到的调理电路就是惠斯通电桥。惠斯通电桥是一种可以精确测量电阻的仪器。图 8-2 所示是一个通用的惠斯通电桥。桥路上的 4 个电阻叫做电桥的 4 个臂，V_{out} 这个点使用 AI 通道测量其电压变化。当 AI 所测电压值为 0 时，称电桥达到平衡。平衡时，4 个臂的阻值满足一个简单的关系，利用这一关系就可测量电阻。

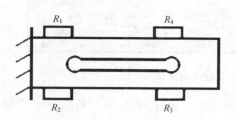

图 8-1　双孔悬臂梁应变片贴片示意图

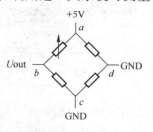

图 8-2　通用的惠斯通电桥

若将 4 个应变片全部连入桥路中，则通过采集桥路输出电压，可以推算出当前所测的质量。同时使用 4 个应变片的桥路称之为全桥。使用全桥方式测量，桥路灵敏度最高。若将两个应变片连入桥路，则称之为半桥，灵敏度次之。使用一个应变片连入桥路，灵敏度最低。

本项目中采用全桥，其连线图如图 8-3 所示。将悬臂上的 4 个应变片全部连入桥路中，R_1 和 R_3 为一对，连入桥路对臂中，R_2 和 R_4 为一对，连入另一个对臂中。桥路使用 5V 供电。

由于桥路的输出信号比较微小，所以在应变梁模块上提供了放大电路作为信号调理电路，放大倍数为 500。可将桥路输出电压 U_{out} 连接至放大电路，使用 AI 通道测量放大器输出电压。在未放置砝码时，确保桥路经放大后的输出电压为 0 V，即需要进行电路调

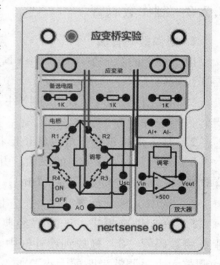

图 8-3　全桥连线图

零。若当前测试得到的电压不为零，则调节桥路这一侧的调零电阻，若仍无法得到 0 V，则可调节右侧放大电路的调零电阻，直到输出电压接近 0 V，才可开始实验及编程。

软件平台：LabVIEW（2011 以上版本）、nextpad。

8.2　任务 1　制作按钮与数码管

8.2.1　制作按钮

前面的课程已经介绍过自定义控件的制作方式，此处不做过多的解释。最主要是选择需要修饰的控件。打开控件编辑器窗口，导入所需图片，如图 8-4 所示。制作自定义控件，变换按钮的 T/F 的两幅图片，也可将 T-F、F-T 两个状态的图片一并修改。

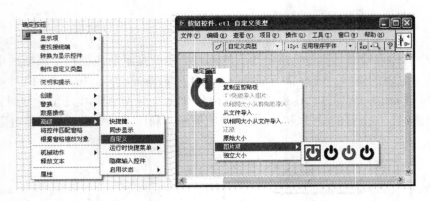

图 8-4　自定义控件的操作

　　将该按钮的机械动作修改为"释放时转换"，显示项去掉"标签"、"布尔文本"选项。

8.2.2　制作数码管

1. 制作数码管簇

　　电子秤上的数码显示如图 8-5 所示。称重范围在 1 000 g 之内，最小单位为 1 g，因此需要 3 位数码显示，分别为百位、十位和个位。数码管的制作流程如下。

　　1）在控件选板中，将布尔控件"方形指示灯"放置在前面板，在控件上单击鼠标右键，去掉控件的标签显示。

　　2）把方形指示灯拖放为细长形状，然后复制控件。用此方法做 4 个竖条和 3 个横条。

　　3）把控件拼出"8"的形状，并在 8 的右下角放置一个圆形指示灯，然后用鼠标右键单击控件，取消控件的标签（label）显示。调整布尔控件的位置，使其更加美观。

　　4）选中这 8 个布尔控件，把它们组合起来。

　　5）在控件选板中，选择"经典→经典数组、矩阵与簇"，将簇的外框放置在前面板上，将数码管"8"拖放到簇外框中。用鼠标右键单击簇的外框，在快捷菜单中，选择"自动调整大小→调整为匹配大小"。

　　6）在簇边框上用右键单击鼠标，选择"重新排序簇中控件"，从最上面的控件开始按照顺时针方向从右 0 至 7 排序，如图 8-6 所示，排序后，选择窗口上的对钩，关闭排序窗

图 8-5　电子秤上的数码显示

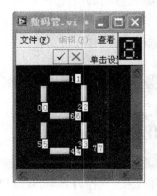

图 8-6　簇中的控件排序

口，即完成了一个数码管的制作。

7）把该数码管复制成 3 个，并在菜单栏中查看→工具选板，将调色板的选项配置为 T（透明色），涂色簇的外框，将 3 个簇的外框隐去。

8）在控件选板中，选择"修饰→平面圆盒"，将簇放置到平面圆盒上，并将该盒子移至后面。

9）用涂色功能，将平面圆盒涂黑。根据需要，适当调整控件的摆布和黑色平面圆盒的大小形状，就制作好了图 8-5 所示的 3 位数码管图形。要想使数码管按照数据正确显示，还需要进行一些程序框图的设计。

2. 实现一位数码的显示

一位数码显示的程序框图如图 8-7a 所示，这里主要用到条件结构。图中的条件结构共有 0 ～ 9 十个分支，每个分支里都有一个由布尔常量组成的常量数组。在数组输出端与簇之间放置了一个"数组至簇转换"函数（该函数位于"编程→数组"），该函数默认 9 个成员，由于该数码管有 8 个，在该函数上单击鼠标右键，把大小修改成 8 个。当对数值输入控件输入"0"时，选择 0 分支，数码管显示"0"，依此类推。

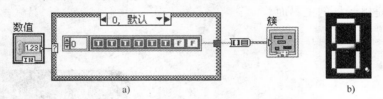

a)

b)

图 8-7　一位数码显示的程序框图及其效果

a）一位数码显示的程序框图　b）一位数码显示效果

3. 三位数码显示实现

1）把图 8-7 中的条件结构复制成 3 个，分别连接数码管的百位、十位和个位。

2）对于输入的数据进行判断，如果 >0 就把该数值分解成百位、十位、个位；如果 <0，就记为"0"，然后分解。当运行 VI 时，在数值输入控件输入 1 000 以内的数据，就会在数码管显示出来。程序框图和 3 位数码显示结果如图 8-8 所示。

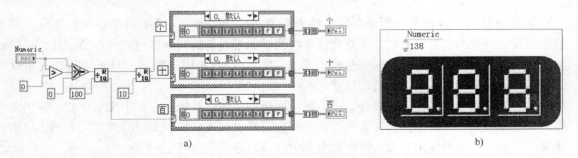

a)

b)

图 8-8　程序框图和 3 位数码显示结果

a）程序框图　b）3 位数码显示结果

3）把 3 位数码显示 VI 保存为"数码管 subVI. vi"，并进行图标和连线板 ▦ 的编辑，以备其他 VI 调用。连线板有一个数值型输入端"Numeric"和 3 个簇输出端，即 3 个数码管簇。

8.3 任务2 设计电子秤前面板

选项卡控件用于将前面板控件重叠，并放置在一个较小的区域内。选项卡控件由选项卡和选项标签组成。可将前面板对象放置在选项卡控件的每一个选项卡中，并将选项卡标签作为显示不同选项卡的选择器。

在设计前面板时，不要将前面板做得过大，除非用户需求是希望运行时程序全屏显示，否则应尽量减小前面板的显示尺寸。考虑到可能设计者与使用者所使用的显示器分辨率不一致而会导致用户无法正常使用程序的问题，通常建议将程序前面板的尺寸控制在 1024×768 范围内。当面板所需放置的内容很多时，推荐使用选项卡控件。

电子秤前面板中有 3 个选项卡，其程序界面及显示如图 8-9 所示。第一个选项卡为"系统描述"，用来描述系统的功能、应变桥的连接等；第二个选项卡为"配置信息"，用来显示在双孔悬臂梁称重传感器上放置不同质量的砝码对应的电压数值，以及电压变化曲线、I/O 配置通道信息、校准等；第三个选项卡为"电子秤"，用来显示重物的质量和"去皮"控制，该选项是电子秤的主界面。

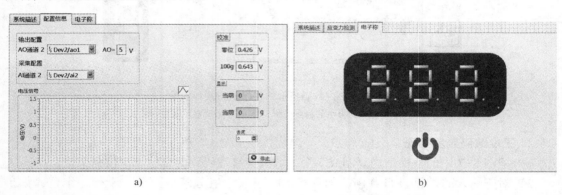

图 8-9　电子秤前面板其程序界面及显示
a）程序界面　b）显示

新建一个 VI，VI 的前面板颜色默认色为灰色。这是因为在工业场合中，灰色是最不容易引起视觉疲劳的色彩。在制作工业化流水线测试测量设备的时候，对前面板的设计，要尽量避免过多使用明亮的色调。高亮度的色彩（如红色）通常用于警报，对于阅读或提示性的文字，无需全部将其设为高亮度色彩。

除了不要出现过多种色彩以外，还应对前面板的字体保持统一，如中文全部统一使用宋体，对字体的大小也最好控制在 3 种以内。只有需要引起用户特别关注的内容，才需要用粗体或高亮显示，否则使用者无法将注意力集中到应当注意的内容上。

控件选板"修饰"中的内容，可以帮助美化界面。

8.4 任务3 设计质量换算子 VI

将被测物质的质量通过应变桥电路转换成电压信号。该电压信号经过放大后，送到数据采集卡。因此采集到的电压信号还要经过变换，转换成质量，再送显示。图 8-10 所示为电压—质量的转换算法，并加入了去皮（清零）功能。前半部分是以 100 g 质量所对应的电压值为基准，计算得出当前质量，并使用就近取整的函数，将所得质量变为整数（故精度为 1 g）。程序中同时判定清零按钮是否被按下（值为真否），若为真，则读取当前质量作为容器质量，并减去"去皮"的质量；若为假，则减去的质量为 0，即表示不去零。

如何修改和传递数值控件"去皮"中的数据呢？按照我们期待的逻辑，单击"清零"按钮，读取当前质量，并保存在去皮数值控件中，当下一次清零按钮再次由假变为真值时，再去更新去皮数值控件中的值。编辑好该 VI 后，还要进行图标和连线板 的编辑，以便主 VI 调用。

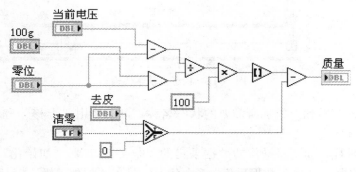

图 8-10　电压—质量的转换算法

8.5　任务 4　采集质量数据

一个系统可以被分为若干个操作步骤，画出流程图。流程图中的每个组成都可以成为一个状态，如果将每个状态变为程序中的一个帧，且在需要时可以灵活调用各个帧，那么用状态机实现起来就非常方便。

8.5.1　状态机的基本架构

单击菜单栏的"文件→新建"，选择菜单中的第 2 个新建选项；打开新建模板的对话框，选择标准状态机模板，如图 8-11 所示。

在 LabVIEW 中，一个状态机由 3 个基本部分构成，在外层是一个 while 循环，在 while 循环中包含有一个条件结构，while 循环用于维持状态机的运行，条件结构用以对各个不同的状态迸行判断，第 3 个基本部分是移位寄存器，用以将下一个状态传递到下一次循环状态判断中。

在一个完整的状态机中，一般还会提供初始状态，每一个状态的执行步骤以及下一个状态切换代码等。

在图 8-11 中的枚举型接线端子 为状态机。在使用时，应对它进行自定义，用来添加所需的状态。在该端子上用鼠标右键单击，在弹出的会计菜单中选择"打开自定义类型"，出现状态机状态编辑窗口。用鼠标右键单击该端子，选择"编辑项"，会出现该控件的属性对话框。把第 0 项"Initialize"、第 1 项"Stop"修改为需要的状态名称，然后单击

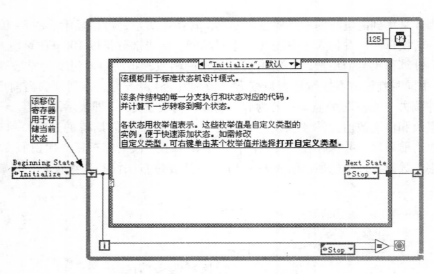

图 8-11　状态机基本架构

对话框中的"插入"按钮，添加所需要的状态名称。可以使用"上移"和"下移"来改变元素所在的位置。

比如一个同时具有读、写操作的数据采集的 VI，一般需要"初始化"、"开始采集"、"写数据"、"读数据"、"停止数据采集" 5 个状态。关闭"控件编辑"对话框，选择保存该控件到指定位置，文件名为"状态机.ctl"。基于状态机的数据采集框架如图 8-12 所示。用鼠标单击状态机右边的向下三角号查看，可看到这 5 个状态选项。使用这样的自定义控件，可以同时修改所有引用位置的控件内容，可以发现在条件结构框中使用的该枚举控件，已经与修改后的内容保持一致了。

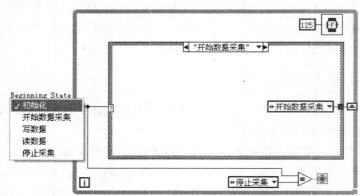

图 8-12　基于状态机的数据采集框架

此时，条件结构只有两个分支，即"初始化"、"开始数据采集"，另外 3 个分支需要添加。在"开始数据采集"分支的选择器标签上用鼠标右键单击，选择"在后面添加分支"，就出现"写数据"分支；以此方法添加，就实现了这 5 个各分支的条件结构。查看条件结构，此时的条件结构中包含了其余各个所需添加的帧，名称与枚举控件中所包含的元素相同，如图 8-13 所示。

在状态机中：Beginning State（初始状态）为"初始化"；初始化的 Next State（下一个

状态）为"开始数据采集"；开始数据采集之后的状态就应该是读、写操作了。在程序运行时，会一直进行读、写操作，当满足停止条件时，才会进入"停止采集"状态。因此，读和写互为下一个状态。把状态机  复制到每一个分支，并与条件结构的数据隧道连接，选择适当的"Next State"，即

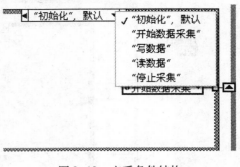

图 8-13　查看条件结构

初始化 → 开始数据采集 → 写数据 → 读数据 ┐
　　　　　　　　　　　　　↑　　　　　　│
　　　　　　　　　　　　　└──────────┘

按下停止按钮→停止采集→停止 VI。

状态机状态切换的程序框图如图 8-14 所示。

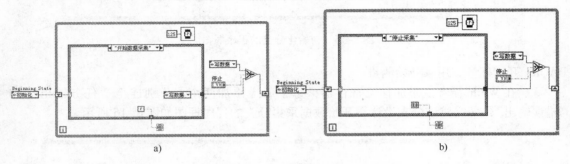

图 8-14　状态机状态切换

a）数据采集状态　b）停止采集状态

8.5.2　用状态机实现数据采集功能

本项目的程序框图中出现了双循环，LabVIEW 是"天生"并行的并行环境。在 LabVIEW 编程过程中，若两个线程之间没有数据连线影响到两个线程的执行顺序，则这两个线程就是并行的，这是由 LabVIEW 的数据流思想决定的。下面，对前面学习的基于状态机的数据采集框架进行数据采集程序设计。

在进行设计之前，首先对该项目进行分析，来确定创建数据采集的类型。由于要给桥路一个激励电压 AO，电压值为 5V，因此需要创建一个电压 AO 过程；另外要读取被测物质的质量，还需要创建一个电压 AI 过程。对该框架的 5 个分支分别设计如下。

1. 初始化分支

初始化分支的程序框图如图 8-15 所示。在初始化分支中，定义去皮功能为"假"，并指定下一个状态为开始数据采集。

2. 开始数据采集分支

1）创建 AO 电压通道，输出接线端的配置采用参考单端（RSE）模式，电压范围为 0 ～ 10 V。

2）创建 AI 电压通道，输入接线端的配置采用差分模式，电压范围为 -5 ～ 5 V。设置采样时钟的采样率为 100，采样模式为连续采样，每通道采样为 50。在采样时钟后放置

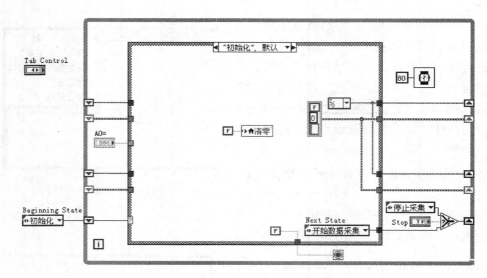

图 8-15　初始化分支的程序框图

DAQmx 开始任务，用来开始测量。

3）在 While 循环上添加移位寄存器，每个通道添加两个，分别连至"任务输出"和"错误输出"，即完成该分支设计。开始数据采集分支的程序框图如图 8-16 所示。

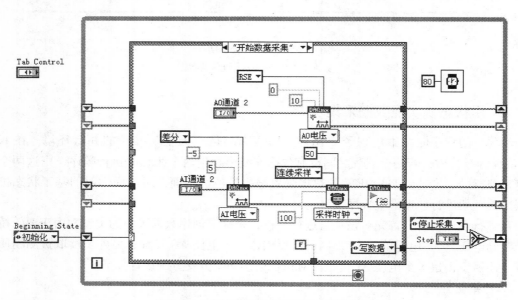

图 8-16　开始数据采集分支的程序框图

3. 写数据分支

写数据分支的程序框图如图 8-17 所示。该分支实现模拟信号的生成过程，作用是通过 AO 通道，将 5 V 电压作为桥路激励电压加在电桥上。

4. 读数据分支

当悬梁上放置不同重物时，电桥输出电压会发生变化。该电压经放大器放大后，通过数

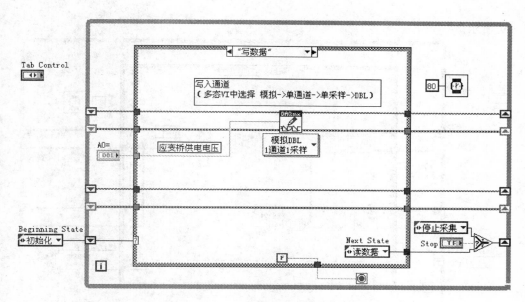

图 8-17　写数据分支的程序框图

据采集卡送到上位机。读数据分支的作用就是读取该电压，并进行数据处理，送显示：首先设置每通道采样数为 50，对采样数据求平均值；然后调用"电压质量转"子 VI，把电压值转换为质量，进行显示"当前 g"；再调用"数码显示"子 VI，把质量值在 3 位数码管上显示。读数据分支的程序框图如图 8-18 所示。

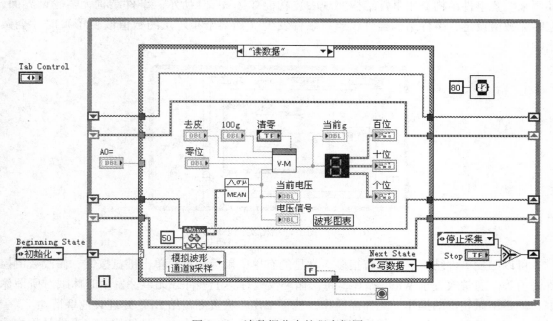

图 8-18　读数据分支的程序框图

5. 停止采集分支

在该分支实现停止采集任务、清除任务和停止运行 VI。停止采集分支的程序框图如

图 8-19 所示。

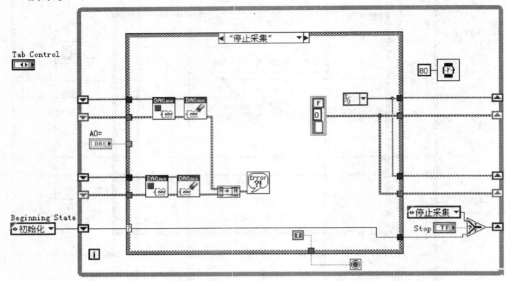

图 8-19　停止采集分支的程序框图

8.5.3　实现去皮功能

本项目中用了两个 While 循环，一个 While 循环用来完成状态机结构的运行，另一个循环用来放置事件结构。用事件结构实现去皮功能如图 8-20 所示。事件结构无需轮询界面，超时无数值设定，事件结构当且仅当有事件发生（如某个布尔量的数值改变了）时才会做出响应。

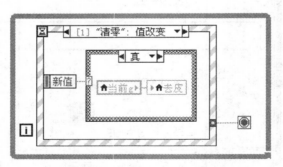

图 8-20　用事件结构实现去皮功能

可以触发事件结构的动作有很多，常见的有单击鼠标按键、单击键盘按键、修改数值控件的值等。通常放置于 While 循环，每次循环仅处理一个事件，无事件发生时休眠。所谓休眠，就是不做轮询的操作。无界面操作，就不工作，将资源留给 CPU 处理其他事情。

在程序框图中放置事件结构，程序框图→控件选板→结构→事件结构，将事件结构拖放至程序框图上，并将其放置于一个 While 循环中。需要注意的是，如果要停止该循环，就需要添加一个事件帧，用来响应界面停止按钮的操作。添加事件帧：用鼠标右键单击事件结构，在快捷菜单中选择"添加事件分支"，跳出对话框，选择事件源，为"清零"按钮，发生的事件可以选择"值改变"。如果需要响应其他的动作，则在最右侧的事件当中，展开各个选项，做选择即可。配置完成后，单击"确定"按钮。

把设计好的 VI 命名为"智能电子秤.Vi"，与质量转换子 VI、状态机、ctl 放在同一个文件夹内。

8.6 任务5 调试及测试系统

操作步骤如下。

1）将 nextsense_06 模块安置在对应的 nextboard 平台的模拟信号槽位上。

2）打开 nextboard 电源，使用 nextpad 检测模块，查看是否能够正常使用。

3）关闭 nextboard 电源，进行硬件连接。在应变桥的左端，用螺钉将其固定在 nextsense_06 模块的上方，将其右端悬空。

4）调零。

① 在 nextpad 里面用鼠标双击"传感器"文件夹，用鼠标双击"6"打开应变桥实验。在该实验界面选择"调零"选项卡，如图 8-21 所示。

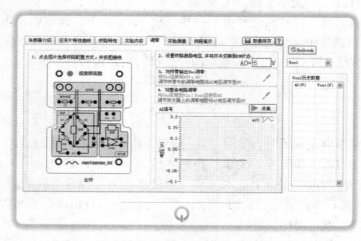

图 8-21 选择"调零"选项卡

② 按照该界面上的步骤 1）～ 4）操作如下。

a. 单击"应变桥"电路，选择"全桥"连接，并把硬件电路按照全桥方式连接。

b. 把桥路激励电压 AO 设置为 5V，桥路上的开关打到"On"位置上。

c. 把电桥的输出端 U_{sc} 连接到 AI +、AI −、nextboard 电源，单击采集按钮，观察 AI 电压信号波形，如果偏离零点，就调节桥臂中的调零电位器，以使波形在零位置上。

d. 把电桥的输出端 U_{sc} 连接到放大电路的输入端 Vin，再把放大器输出端连接到 AI +、AI −，单击"采集"按钮，观察 AI 电压信号波形，如果偏离零点，就调节放大器上的调零电位器，以使波形在零位置上。

5）检查应变桥实验模块有变化时的模块电路是否有正确的电压值输出。在实验界面选择"实验测量"选项卡，其界面如图 8-22 所示。在该界面中，查看数据 I/O 通道，观察电压随重物变化曲线、总质量等信息。放置不同质量的砝码，读取对应电压值，观察数值是否正确。

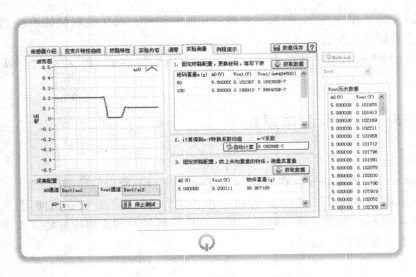

图 8-22 "实验测量"选项卡界面

6）打开编写好的"智能电子秤.Vi"。

7）实验模块在不同位置时通道号也不一样。在 nextpad 中，读取数据 I/O 物理通道号，填写到自己的 VI 通道号中。

8）运行调试 VI，进行功能测试，截取图片，撰写项目报告。

8.7 思考题

1. 添加功能：当电量偏低时，显示"Lo"；在连续 8 s 质量都为 0 g 后，自动停止。

2. 用状态机实容器液位监控。要求：初始水位为 100 ms，水位上限为 200 ms，下限为 50 ms，越限要有报警指示。用一个进水阀和一个进水量调节控件来控制进水情况；用一个出水阀和一个出水量调节控件来控制出水量。可以单独进水或出水，也可以同时进、出水。单击"结束"按钮，退出程序。

3. 用状态机实现超级玛丽生命条的加减。要求：初始生命值为 50，最大值为 100，最小值为 0。吃到小蘑菇加 10，吃到大蘑菇加 20，达到 100 后，显示"你真厉害!"；被怪物咬，减到 20，当减到 0 时，显示"GAME OVER! 你失败了!"。单击"结束"按钮，退出程序。

项目 9　电动自行车模拟系统

电动自行车以蓄电池作为辅助能源，在普通自行车的基础上安装了电动机、控制器、蓄电池、调速转把等操纵部件和显示仪表系统。使用者可以使用脚踏板，也可以使用调速转把手动调节角度来实现电动自行车的调速。电动自行车的调速转把主要选用线性霍尔元件，若电源供电为 5 V，则当霍尔元件敏感面磁场强弱变化时，其输出为 1.0 ～ 4.2 V 连续线性变化。

9.1　项目描述

9.1.1　项目目标

1）了解线性霍尔元件和开关型霍尔元件。
2）了解电动自行车工作原理。
3）进一步学习模拟信号采集系统。

9.1.2　任务要求

本项目的任务是模拟电动自行车的行驶原理。使用线性霍尔元件模仿自行车调速转把的工作状态，使用霍尔模块上的直流电动机模拟自行车的车轮转动，使用开关型霍尔传感器测量电动机的转速，借此判定当前车速是高速、中速还是低速。

9.1.3　实验环境

硬件设备：计算机、NI PCI – 6221 数据采集卡、nextboard 实验平台、nextsense_05（霍尔传感器模块）。

1. 霍尔传感器

霍尔传感器是基于霍尔效应，用于各种与磁场相关场合的一种磁场传感器。当将一块通有电流的金属或半导体薄片垂直地放在磁场中时，薄片的两端就会产生电势差，这一现象就是霍尔效应，而该电势差也被称为霍尔电势差或霍尔电压，它是美国物理学家霍尔（A. H. Hall，1855—1938）在 1879 年研究金属的导电机制时发现的。半导体的霍尔效应比金属强得多，利用霍尔效应制成的各种霍尔元件，被广泛地应用于工业自动化技术、检测技术及信息处理等方面。

霍尔传感器分为线性霍尔传感器和开关型霍尔传感器两种，线性霍尔传感器输出是模拟量，输出电压与外加磁场强度呈线性关系。开关型霍尔传感器输出是数字量。当外加的磁感应强度超过动作点时，传感器输出低电平；当磁感应强度降到动作点以下时，传感器输出电平不变；当磁感应强度一直降到释放点时，传感器才由低电平跃变为高电平。动作点与释放点之间的滞后使开关动作更为可靠。

两种霍尔传感器的工作原理对比如图9-1所示。

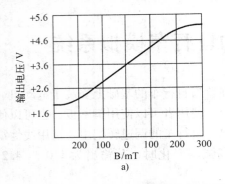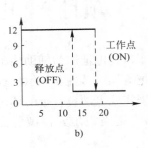

图9-1　两种霍尔传感器的工作原理对比图

a）线性霍尔传感器　b）开关型霍尔传感器

2. 电动机控制电路

由于霍尔传感器实验模块上使用的电动机功率相对较大，无法直接使用数据采集卡的AO通道驱动，所以需要在面包板上搭建外接放大电路来完成电动机的驱动控制。电动机放大电路和霍尔模块示意图如图9-2a所示。

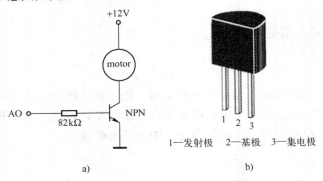

1—发射极　2—基极　3—集电极

图9-2　电动机放大电路和霍尔模块示意图

a）放大电路　b）霍尔模块

霍尔模块的电动机（如图9-2a所示的motor）原本是被接在小模块上，并利用 +12 V 可变电压源驱动的。本项目中需要将接线端拔出，将其一端连接 NPN 的集电极，另一端连接 nextboard 自带的 +12 V 电压源，并调节该电压源的旋钮至 12 V 的位置，将电动机下方的电压输出端口 Vout 连接一个 AI 端口（如 AI1），将电压输出端口 GND 连接差分方式的负端（与 AI1 对应的是 AI9）。

为了测试电动机驱动控制原理，可以在 NI MAX 硬件测试平台中，打开数据采集卡的测试面板，切换至模拟输出，手动调节 AO 输出值（控制在 9 ～ 10 V 之间），查看电动机转速变化。AO 输出电压高于5V后，电动机方可转动，若没有转动，则可用手轻推一下小电动机的转轮片。

实验硬件模块的开关型霍尔输出端口是直接路由至数据采集板卡的计数器（counter）的，故若要使用 AI 采集当前转速的信号，则需要将开关型霍尔的输出端口和 AI 端口相连接。其他部分按照电路原理图搭建。

软件：LabVIEW（2011 以上版本）、nextpad。

9.2　任务 1　自定义控件和设计前面板

9.2.1　自定义控件

本项目可以制作两个自定义控件，一个用来暂停，另一个用来开始。自定义控件 T/F 状态的图片修饰如图 9-3 所示。

图 9-3　自定义控件 T/F 状态的图片修饰

在界面设计中，可以将开始和暂停按钮并排放置，也可以让两个控件重合，通过设定按钮可见与否实现按钮各自的功能。按钮是否可见，使用属性节点修改控件属性即可。

将两个控件放置于前面板，首先选中两个控件，然后使用工具栏的对齐功能，即垂直中心（vertical centers）、水平居中（horizontal centers），即可将两个类似大小和形状的控件重合在一起。用前面板控件中心线对准摆放技巧如图 9-4 所示。

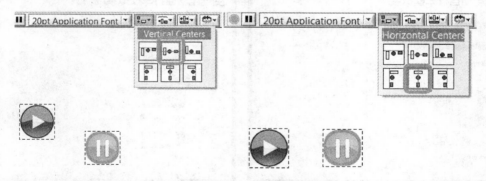

图 9-4　用前面板控件中心线对准摆放技巧

若想要设定控件的可见性，则可用鼠标右键单击控件，创建→属性节点→可见即可。将两个控件是否可见的属性节点设为相反值。设定控件属性节点如图 9-5 所示。

9.2.2　设计前面板

系统将通道设置安排在一个界面中，将两种霍尔元件的输出波形放置在一个界面中，将仿真界面放置在一个界面中，变速电动自行车模拟系统前面板如图 9-6 所示。

由程序前面板设计可以看到，系统界面中使用示波器控件、自定义控件和 LabVIEW 官网提供的系统控件。

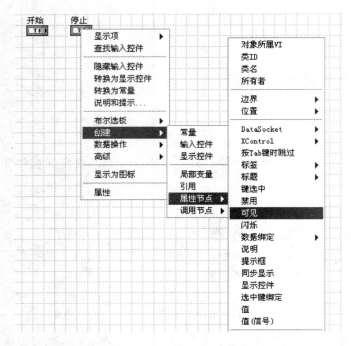

图 9-5　设定控件属性节点

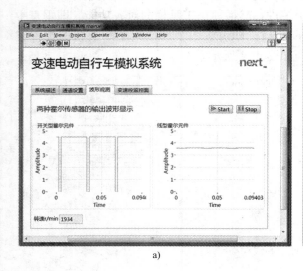

a)

b)

图 9-6　变速电动自行车模拟系统前面板

a)"波形观测"选项卡　b)"变速控监控面"选项卡

9.3　任务2　转速控制与测量

程序中同时有模拟信号的采集（AI）和模拟信号的生成（AO）。

模拟信号的采集（AI）：设定物理通道、设定差分采集模式、设定采集电压的最大值和最小值、设定采样率大小。在 While 循环中，连续采样，一路读取线性霍尔传感器由于磁铁位置不同而得到的不同电压值，另一路读取开关型霍尔的脉冲信号，计算当前的电动机转速。采集任务结束，请关闭相关模拟通道，释放资源。

模拟信号的生成（AO）：设定 AO 物理通道、设定输出值的最大最小范围，在 While 循环中，根据线性霍尔所采集的电压值，更新 AO 输出电压以控制电动机转速。电动机转速通过 AI 采集相应的脉冲信号换算出得出。AO 在结束任务时，需要将端口刷为 0V，否则模拟输出通道会保持结束，While 循环的电压值不变，直至设备关闭为止。

Nyquist 定理：为了准确获得信号的频率信息，采样频率必须大于信号最大频率的两倍，而为了准确获得信号的波形信息，采样频率大于信号的最大频率的 5 ～ 10 倍为宜。

最终设计的数据采集程序如图 9-7 所示。

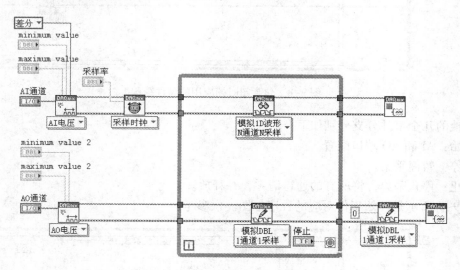

图 9-7　最终设计的数据采集程序

9.4　任务 3　利用事件结构设计程序

程序框图：AI 及 AO 数采程序，使用事件结构完成界面的按钮响应。

通常使用事件结构，会将其放置于 While 循环内。事件结构有一个特别的帧，即超时帧，事件结构左上角的超时输入端口的默认值为 −1，含义为永不进入超时帧，若将输入值设定为其他常量（如 100），表示 100 ms 内无任何事件发生，则程序进入超时帧，执行其中功能代码，完成后，结束本次循环进入下一次等待状态；若接下来的 100 ms 依旧无其他事件发生，则程序进入超时帧执行功能代码，直到单击"停止"按钮，程序结束为止。本次项目所编写的系统使用事件结构的超时帧，来完成数据采集功能。包含超时帧应用的事件结构如图 9-8 所示。

如图 9-8 所示，移位寄存器的初始值为 −1，直到开始采集的按钮被按下，才将移位寄存器的数值修改为 90，即为 90 ms 内无其他事件发生，程序会持续进行数据采集的读写操作，直到有其他事件发生（如按下暂停按钮）为止。

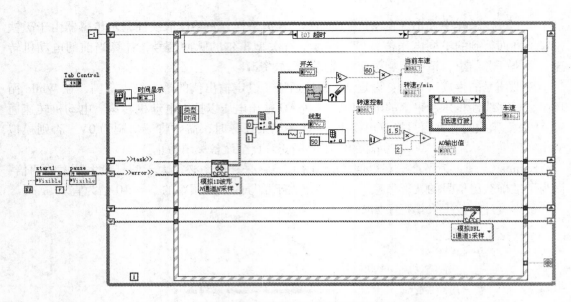

图 9-8　包含超时帧应用的事件结构

其他的几个事件分支分别如下。

开始：AI 和 AO 端口配置。

暂停：暂停采集。

停止：停止采集，将所有的通道清零，并释放。

图 9-9 所示是开始事件对应的程序框图。供参考。

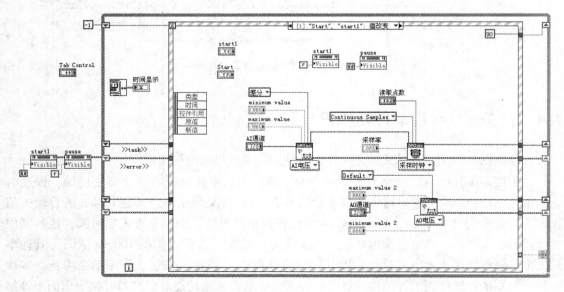

图 9-9　开始事件对应的程序框图

为了防止用户误操作，在开始采集后禁用按下开始采集按钮（start），可以考虑在开始采集的事件帧中，使用属性节点将"start"按钮隐藏，将暂停按钮显示。

根据项目中的设计要求及设计技巧，编写电动自行车的程序。

9.5 任务 4 运行、调试及测试

在本项目中，用线性霍尔部分放置小磁铁的圆盘来模拟转动电动车的调速车把，用圆盘角度的变化来模拟调速车把的旋转，用输出模拟量来控制电动机转速；用电动机转速来模拟自行车转速；使用开关型霍尔测量当前电动机转速，得出当前转速值。

操作步骤如下。

1）将 nextsense_05 模块安置在对应的 nextboard 平台的模拟信号槽位上。

2）使用 nextpad 检测模块是否能够正常使用。。

3）搭建电动机驱动电路。

4）打开 nextpad 中传感器选项，选择"5"打开霍尔传感器实验，查看线性霍尔传感器输出的模拟波形变化是否正常，开关型霍尔的计数值是否正确。

5）打开自己编写的 VI。

6）在 nextpad 中，读取数据 I/O 物理通道号，填写到自己的 VI 通道号中，运行并调试 VI。

7）进行功能测试，截取图片，撰写项目报告。

操作流程：转动放置磁铁的圆盘→线性霍尔的电压值变化→转速控制信息量→AO 通道输出量→电动机转速控制→开关型霍尔测得的脉冲变化→电动机转速测定。最后的调试、测试界面如图 9-6 所示。

9.6 思考题

1. 查找资料，熟悉汽车转速的测量原理；利用霍尔器件实现对汽车转速的测量，能够实现超速报警和巡航定速等功能。

2. 在电动自行车模拟系统中，如何实现限速功能？

项目 10　自动门控制仿真系统

10.1　项目描述

10.1.1　项目目标

1）了解步进电动机特性以及如何控制电动机转动。

2）了解什么是编码器以及编码器的作用。

3）使用 LabVIEW 的状态机编写自动门控制系统仿真程序。

10.1.2　任务要求

本次实验利用步进电动机和编码器来模拟自动门的工作原理。通过 LabVIEW 编程控制步进电动机的旋转角度和方向，模拟自动门的开合度，并使用编码器测量当前电动机的旋转角度。程序要求实现以下功能。

1）设定开门角度（电动机转动角度）及开门状态保持时长。

2）单击"开门"按钮，步进电动机硬件转动。

3）根据所设开门角度，调整步进电动机的变化角度，完成后保持数秒进入关门状态。

4）了解软面板仿真自动门的工作过程，会根据实测电动机角度，变化开门幅度。

10.1.3　实验环境

硬件：PC、nextboard 实验平台、NI PCI – 6221 数据采集卡、nextsense_08（编码器实验模块）。

软件平台：LabVIEW（2011 以上版本）、nextpad。

10.2　任务 1　设计前面板

10.2.1　图片下拉列表

为了仿真自动门的打开和关闭，使用图片下拉列表。制作完成后的自动移门图片的下拉列表控件如图 10-1 所示。单击该控件，会出现右下角的图片下拉选项。

在制作控件之前，需要事先准备好所需要添加的图片，然后再开始制作。制作步骤如下。

1）在前面板的控件选板中，找到图片下拉列表控件，并拖放到前面板上。

2）用鼠标右键单击控件，选择：高级→自定义控件。

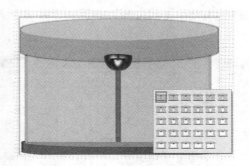

图 10-1 自动移门图片的下拉列表控件

3）在自定义控件的前面板上，单击菜单栏中"编辑"→"导入图片"→"至剪切板"。以上步骤分别如图 10-2 所示。

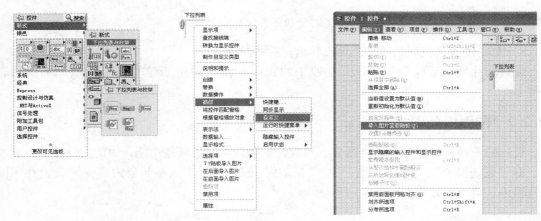

图 10-2 图片下拉列表的图片编辑（一）

4）在弹出的对话框中，选择所需使用的第一幅图片，单击"确定"按钮。

5）回到自定义控件前面板，用鼠标右键单击图片下拉列表控件，选择"从剪切板导入图片"，并将控件类型改为自定义类型形式。

6）单击图片下拉列表控件，可看到图 10-3 所示的结果，包含有一张图片。步骤4）步骤6）如图 10-3 所示。

图 10-3 图片下拉列表的图片编辑（二）

7）若有 N 张图片，则重复图 10-4 所示的步骤，注意选择"在后面导入图片"，依次导入所需要的图片内容。

图 10-4　图片下拉列表的图片编辑（三）

8）单击图片下拉列表控件，可查看编辑后的结果。

完成图片导入后保存控件，并在原来的程序前面板使用新建的自定义图片下拉列表控件。

10.2.2　前面板外观

设计的前面板需要具备系统简介、参数配置和自动门仿真等功能，因此应使用 3 个选项卡，即"系统简介"、"参数配置"和"自动门仿真界面"，把各部分内容分别放置在不同的选项中。前面板外观如图 10-5 所示。

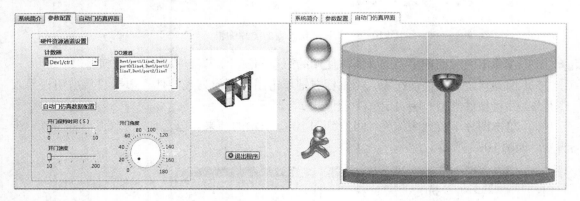

图 10-5　前面板外观

10.3　任务 2　测量步进电动机角度

10.3.1　使用编码器

编码器是一种将旋转位移转换成一串数字脉冲信号的旋转式传感器。编码器把角位移或直线位移转换成电信号，前者称为码盘，后者称为码尺。按照读出方式，可将编码器分为接触式和非接触式两种类型；按照工作原理，可将编码器分为增量式和绝对式两种类型。

增量式编码器是将位移转换成周期性的电信号，再把这个电信号转变成计数脉冲，用脉冲的个数表示位移的大小。绝对式编码器的每一个位置对应一个确定的数字码，因此它的示值只与测量的起始和终止位置有关，而与测量的中间过程无关。编码器常用做检测速度、直线位移、角位移。本模块中使用的是光电增量式编码器。

增量式编码器是直接利用光电转换原理输出三组方波脉冲，即 A、B 和 Z 相；A、B 两组脉冲相位差 90°，可以方便地判断电动机旋转方向。电动机每转过一圈 Z 端子输出一个脉冲，该信号可用于基准点定位，也可用于计量电动机旋转频率。该电动机的优点是原理构造简单，机械平均寿命可在几万小时以上，抗干扰能力强，可靠性高，适合于长距离传输。其缺点是无法输出轴转动的绝对位置信息。

将 A、B 信息结合可判断正向和反向，单独可判定旋转角度。实验模块用的编码器参数是 1 圈 360°输出 200 个脉冲。Z 每转一圈可有一个脉冲输出，可用于计量频率。编码器 A、B、Z 3 项时序示意图如图 10-6 所示。

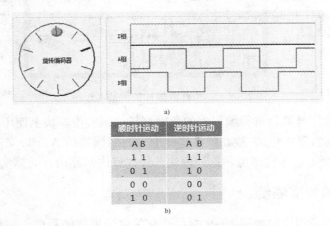

图 10-6　编码器 A、B、Z 3 项时序示意图

a）编码器输出的 A、B、Z 三相脉冲　b）旋转方向的判定

10.3.2　使用计数器

可以使用数字通道采集或生成数字信号。测量数字信号（尤其是 TTL 脉冲信号）的工具是计数器（counter）。计数器的基本构成如图 10-7 所示，它包含有计数寄存器、源、门和输出 4 个组成部分。

图 10-7　计数器的基本构成

1）计数寄存器。存储当前计数值，如当前计数多少个脉冲边沿到来。

2）源。改变当前计数值的输入信号。输入信号的有效边沿（上升或下降）改变计数值，选择在有效边沿上进行加计数或是减计数。

3）门。控制计数发生的输入信号。当门信号为高或低或处于各种上升沿和下降边沿的组合时，就会发生计数。

4）输出。输出信号，通常产生脉冲。

当需要使用计数器测量正交编码器的时候，计数器的 3 个输入端子的名称——对应于正交编码器的 A、B、Z 3 个端子。只需要将通道对应连接，并在编程时进行相应配置即可。

用户可以使用编码器测量进行边沿计数、测量脉冲频率、测量脉宽，也可以使用编码器产生脉冲。当进行边沿计数时，将待测信号连接至源端即可，可在软件中设定是将上升沿还是下降沿作为有效计数边沿，也可在软件中设定是递增计数还是递减计数。

图 10-8 是一个计数器计数的基本程序。初始化计数器：设定边沿和计数方向（增减）、初始化寄存器、设定计数器名称；开始测量；循环中连续读取计数器中寄存器的数值；测量结束后清除通道资源及简单错误处理 VI 。

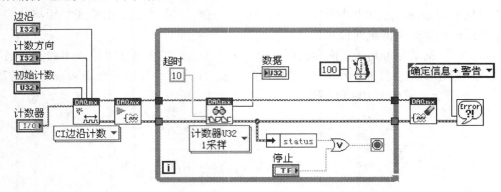

图 10-8　一个计数器计数的基本程序

在本项目中，使用计数器进行编码器的角度测量。实验中模块上使用的编码器为正交编码器（3 线制，精度为 200 转），故在硬件连线上，将编码器的 A、B、Z 3 个端子依次与计数器的 A、B、Z 3 个端子连接即可。这些模块已经建好内部路由，无需实验者再次连线。

10.3.3　编码器的角度测量

编码器的角度测量程序框如图 10-9 所示。有关数据采集的程序，编程的基本思路与上节所述相同，即初始化计数器：设定 CI 角度编码器、设定计数器通道名称、设定物理量单位、设定精度（200）；开始采集；循环中连续读取当前编码器的角度；结束采集任务后清除通道资源。

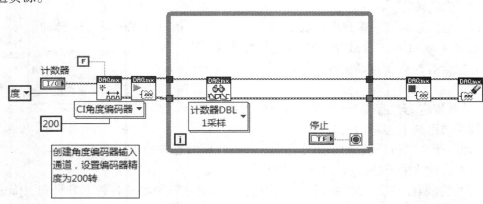

图 10-9　编码器的角度测量程序框图

10.4 任务3 控制步进电动机正、反转

10.4.1 步进电动机

步进电动机属于控制电动机，是一种将电脉冲转化为角位移的执行机构。通俗一点讲，当步进驱动器接收到一个脉冲信号，它就驱动步进电动机按设定的方向转动一个固定的角度（即步进角）。可通过控制脉冲个数来控制角位移量，从而实现准确的定位；同时可以通过控制脉冲频率来控制电动机转动的速度和加速度，从而达到调速的目的。

步进电动机并不能像普通的直流电动机、交流电动机一样可在常规下使用。它必须在由双环形脉冲信号、功率驱动电路等组成的控制系统中使用。

步进电动机的工作原理实际上是电磁铁的作用原理。该项目模块使用的是两相制步进电动机，分为定子和转子两部分。若任一绕组通电，则形成一组定子磁极，由此可以控制转子转动。A 相超前 B 相 90°时为正转，B 相超前 A 相 90°时为反转，通过输出不同的时序波形控制电动机的正反转。图 10-10 所示为采用二相八拍运行方式时正转的步进电动机时序图。因此，想要正确使用模块中提供的步进电动机，只需要在 4 个端子（A、$\overline{A}$、B、$\overline{B}$）提供不一样的脉冲信号，即可控制定子磁极，从而控制步进电动机的运动。

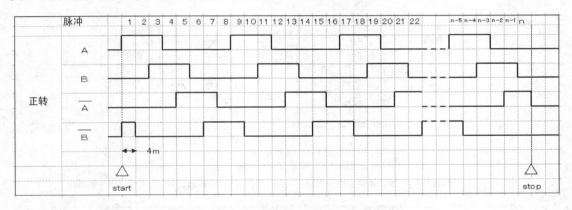

图 10-10 正转的步进电动机的时序图

10.4.2 使用 DO 端子驱动步进电动机转动

在本次实验中，除了测量正交编码器输出的 A、B、Z 3 路信号外，还需要生成脉冲，以驱动步进电动机。步进电动机的脉冲输出，由电动机的目标位置决定，步进电动机的转动方向和转动角度，都由程序面板的参数设定所决定。步进电动机转动角度越大，表征当前自动门的开度越大。在自动门完全打开后，保持当前电动机角度不变，直到达到保持时间已过为止，关门，反方向转动至初始位置。数字脉冲的生成如图 10-11 和图 10-12 所示。

脉冲信号的产生相对于模拟信号采集需要配置的内容稍微少一些。初始化通道资源，最主要需要配置 DO 的通道，与所选硬件接口一一对应即可。DO 端子写出的数据内容，由布

尔量数组决定。DO 通道的输出数据类型是一维数组，故使用 For 循环将二维数组依次解析。完成写操作以后，关闭通道资源。步进电动机的控制如图 10-13 所示。

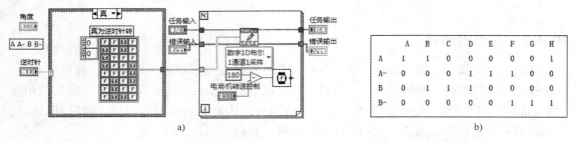

a)   b)

图 10-11 数字脉冲的生成（一）

a）控制电动机逆时针转的脉冲生成程序框图 b）电动机顺时针转的控制信号

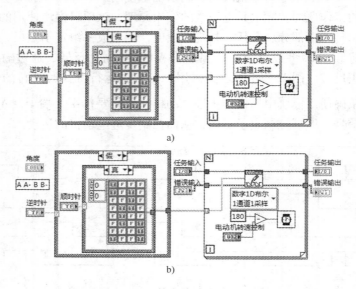

a)

b)

图 10-12 数字脉冲生成（二）

a）控制电动机逆时针转的脉冲生成程序框图 b）控制电动机顺时针转的脉冲生成程序框图

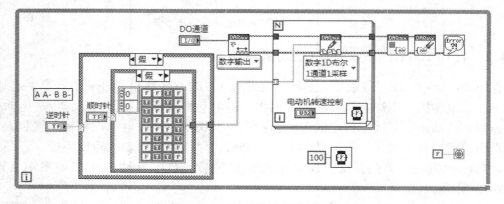

图 10-13 步进电动机的控制

142

10.5 任务4 设计自动门控制系统

10.5.1 基于状态机的状态设计

本次实验系统使用状态机结构。首先，画出自动门控制系统的流程图，也可将该流程图变换为如图10-14所示的状态转移图。状态机中的每个条件结构分支对应一种跳转状态。

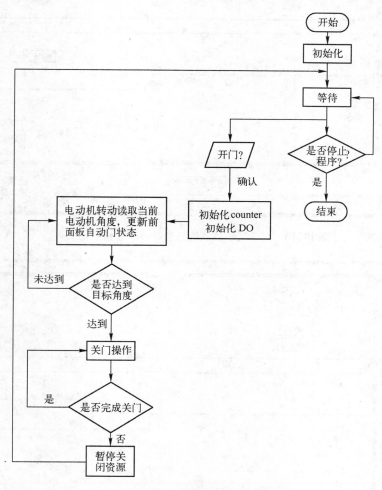

图10-14 自动门控制系统的状态转移图

由图10-14所示可得出，本实验的状态机可包含如下状态，即等待、初始化、创建任务、开始采集、关门、停止和退出。

图10-15所示为本次实验系统的程序框图。同学可以根据实验中要求的功能，试着编写该程序；将数据采集的每个步骤分别放置于条件结构的各个分支中；通过枚举类型控件的数据传递，实现程序各个状态的跳转。在本参考例程中，并没有使用事件结构来响应界面按钮的动作，而是使用布尔按钮的局部变量，来传递前面板按钮的状态。在图10-15所示的

初始化状态中，前面板除退出程序按钮外的所有按钮状态均被设置为"假"，并跳转到等待
状态。

退出状态如图 10-16 所示。

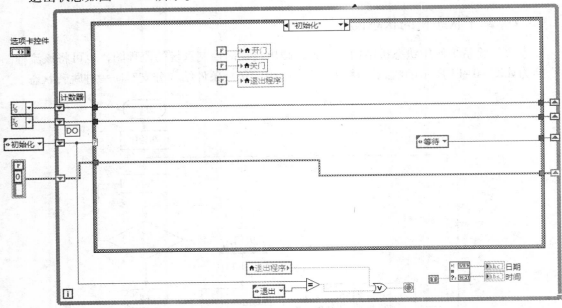

图 10-15　自动门控制系统的程序框图（初始化状态）

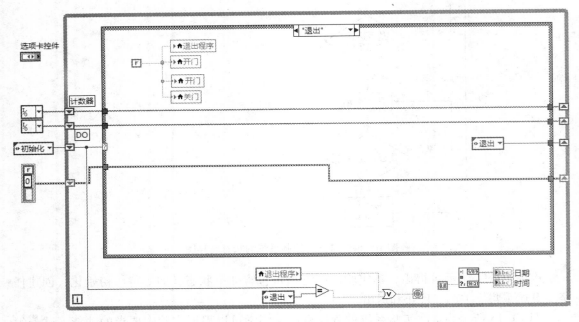

图 10-16　退出状态

10.5.2　等待状态

状态机中的等待状态为默认状态，如图 10-17 所示：当开门的布尔量为"真"时，表

示有人来，状态机跳到创建任务状态；反之，当退出程序按钮被按下时，进入退出状态，否则为继续等待状态。

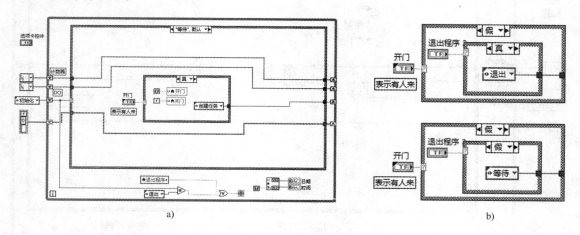

图 10-17   等待状态

a) 开门布尔量为真时的程序框图   b) 开门布尔量为假时的程序框图

10.5.3   创建任务状态与停止 DAQ

创建任务状态如图 10-18 所示。分别创建角度编码器输入通道和驱动电动机的数字输出通道，状态机进入开门状态。停止 DAQ 状态如图 10-19 所示。清除所有硬件通道并释放，状态机回到等待状态。

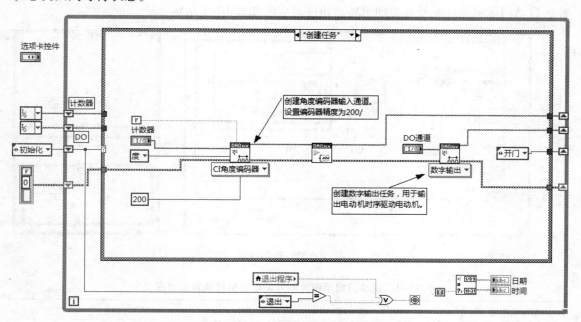

图 10-18   创建任务状态

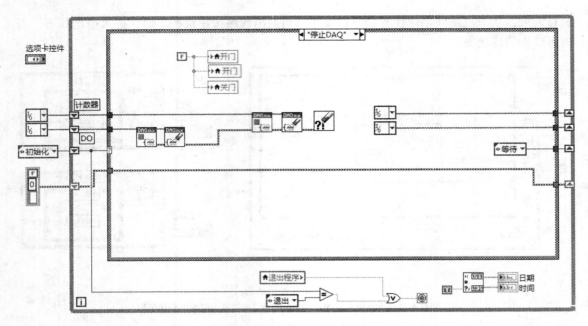

图 10-19　停止 DAQ 状态

10.5.4　开门状态

开门状态如图 10-20 所示，采用 DO 通道的数据控制电动机转动，电动机驱动的子 VI 如图 10-11 所示，并根据角编码器读取到的电动机转动角度来选择前面板的自动门显示图片。自动门显示图片编号与电动机转动角度对应表如表 10-1 所示。

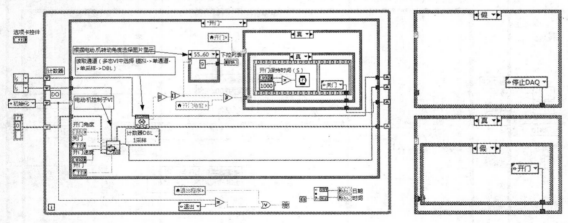

图 10-20　开门状态

表 10-1　自动门显示图片编号与电动机转动角度对应表

电动机角度	0～6	7～12	13～18	…	163～168	>169
图片编号	0	1	2	…	27	28

10.5.5 关门状态

当自动门的打开角度大于预设的开门角度阈值时,状态机跳到关门状态,如图 10-21 所示。通过 DO 通道的数据控制电动机反向转动来实现关门动作。当角编码器读取到的电动机转动角度小于 5 时,状态机就跳转到停止 DAQ 状态。

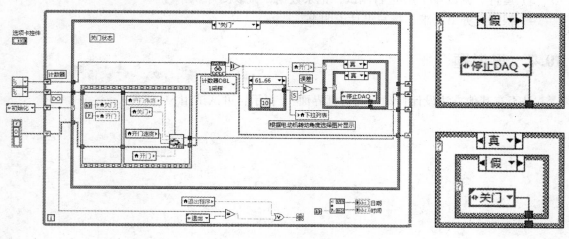

图 10-21 关门状态

10.6 任务 5 调试及测试系统

10.6.1 硬件搭建

1)用螺钉将附件中的编码器和步进电动机安装到各自支架上,用螺钉锁紧。将装有编码器的支架用螺钉固定在实验模块 nextsense_08 左侧位置上;用内六角螺钉到将联轴器固定在编码器中轴上。将步进电动机安装在步进电动机支架上,将步进电动机的中轴固定在联轴器另一侧,并用内六角螺钉旋具拧紧。

2)将实验模块安置在对应的 nextboard 平台的模拟信号槽位上。

3)打开 nextboard 电源,使用 nextpad 检测模块是否能够正常使用。

4)使用 nextpad,选择传感器文件夹下的"8"编码器进行实验。选择"步进角测量"选项卡,检测步进电动机是否可以正常转动;选择"编码器输出"选项卡,检查编码器是否可以准确测量信号。

10.6.2 调试及测试

1)在将硬件电路搭接完成后,根据模块在 nextboard 槽位上的位置来配置硬件通道。若默认使用的数据采集板卡的设备名称为 Dev1,则所用硬件资源分为下面两种情况:

① 若将实验模块插在数字槽 1 和模拟槽位 3,则使用的是 counter0 来测量编码器输出的信号;步进电动机的 A、$\overline{A}$、B、$\overline{B}$ 4 个端子使用的通道资源为

Dev1/port1/line5,Dev1/port0/line5,Dev1/port1/line6,Dev1/port2/line6

② 若将实验模块插在数字槽 2 和模拟槽位 4 上，则使用的是 counter1 来测量编码器输出的信号；步进电动机的 A、$\overline{\text{A}}$、B、$\overline{\text{B}}$ 4 个端子使用的通道资源为 Dev1/port1/line2，Dev1/port0/line4，Dev1/port1/line7，Dev1/port2/line7

2）设置开门角度、开门保持时间、开门速度等参数。

3）运行、调试 VI，并进行测试，记录数据，截取图片。

4）根据任务书要求，撰写设计说明书。

10.7　思考题

是否有其他方法设计自动门的仿真界面？（提示：可试试用 3D 控件）

第3篇 虚拟仪器的综合设计

项目 11　CPU 智能散热模拟系统

11.1　项目描述

11.1.1　项目目标

1）了解温度测控系统的构成。

2）学习使用 nextboard 实验平台和温度传感器模块 next sense01、霍尔传感器模块 next sense05、交通灯模块 wire20 以及 NI PCI – 6221 数据采集卡和计算机搭建一个温度测控系统。

3）学习 LabVIEW 中的数据采集编程方式，并用 LabVIEW 软件编写温度测控程序。

4）对温度测控系统进行调试。

5）对该系统进行测试，并记录数据、图形和图表，进行数据分析处理。

6）按照规范的格式要求撰写报告。

11.1.2　任务要求

设计一个模拟 CPU 智能散热系统，实现如下功能。

1）采集 CPU 温度信号，与温度上限值进行比较，高于上限温度启动电风扇，给 CPU 降温；低于上限温度，停止电风扇运转。

2）扇页的转动数度随温度升高而加快。电风扇速度与控制电压关系如下。

电风扇低速：AO = 6 V；电风扇中低速：AO = 7 V；电风扇中速：AO = 8 V；电风扇高速：AO = 10 V。

3）当启动电风扇时，点亮红色指示灯；停止电风扇时，点亮绿色指示灯。

4）要求在运行 VI 时，程序进入等待状态，当单击前面板上的"开始"按钮时，系统开始进行温度测控；当单击前面板上的"停止"按钮时，测控系统停止工作，将所有的硬件通道清零并释放；当有错误时，停止运行 VI。

5）在实现上述功能的同时，还要在前面板上显示实时温度、温度变化趋势图、高温报警指示、电风扇转数以及模拟电风扇运行图片等。

11.1.3　任务分析

1）在该任务中，使用热电偶模块测量当前温度；使用霍尔模块的小电动机模拟散热电风扇；使用交通灯模块模拟指示灯，当 CPU 高温时，点亮红色指示灯；当温度正常时，点亮绿色指示灯。因此，这个项目中要用模拟信号采集来读取被测温度；用模拟信号生成输出控制电压来控制电动机转数；用数字信号生成输出逻辑量来控制交通灯模块上小灯的亮、灭。

2）温度越高，电风扇转速越快，根据这个要求可以设计为线性变化，也可以设计为阶梯变化，推荐使用的是后者。若想使用线性的，可设计算法，温度值与电动机控制电压的关系即可。

3）根据测控功能要求，使用编写基于状态机的测控程序，来实现温度测量和控制功能。该状态机需要有 6 个状态，即空闲（默认）、初始化、开始 DAQ、温度采集、信号生成和停止 DAQ。

4）根据任务要求 4），应选择"事件结构"，在超时帧设计实现测控功能；在开始帧起动测控过程；在停止帧停止测控过程。

11.2　任务 1　设计前面板

11.2.1　前面板的设计要求

在前面板，要设计温度测控的人机交互界面、进行资源配置和参数设置以及显示系统简介等内容，因此应使用 3 个选项的选项卡，把各部分内容分别放置在不同的选项中。选项卡的第 1 个选项为系统介绍界面，在这里对系统设计进行介绍、对系统功能进行描述、对系统运行操作进行说明。第 2 个选项为信息配置界面，用来设置硬件通道、DAQ 数据的最大值和最小值、热电偶的型号、放大电路的增益和温度临界值等。第 3 个选项也是最重要的就是人机交互界面，用来监控 CPU 温度，观察实时温度、温度走势以及有无温度报警等。

11.2.2　前面板的参考设计

前面板的参考设计如图 11-1 所示。

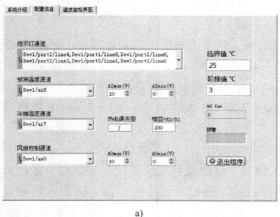
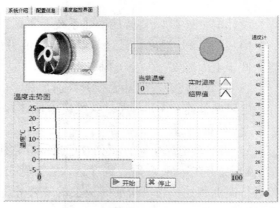

a)　　　　　　　　　　　　　　　　　　　b)

图 11-1　前面板的参考设计

a）配置信息界面　b）温度监控界面

11.3 任务2 设计程序框图

11.3.1 程序框图的设计要求

（1）系统流状态图

本系统的状态图如图 11-2 所示。主要需要完成的任务是实时测量温度，判定是否超过临界值，判定是否需要启动散热电风扇及警报灯。因为测量温度及进行数据分析，是一直在不停循环跳转几个状态，所以很自然想到使用状态机这样的结构。选择状态机的基本条件是，多个状态跳转，某些状态可复用，随时响应界面按键操作。

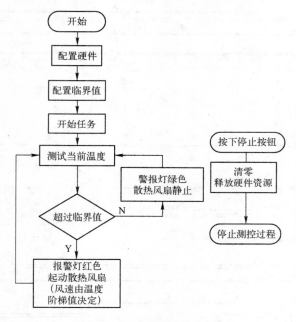

图 11-2　本系统的状态图

（2）系统架构

整个架构使用单循环，可使用 While 循环、事件结构和状态机。该状态机需要有空闲（默认）、初始化、开始 DAQ、温度采集、信号生成、停止 DAQ 等 6 个状态。当系统运行时，首先进入"初始化"状态，进行系统初始化，然后进入"空闲"状态，等待任务。在按下"开始"按钮后，系统才开始 DAQ 过程，进行温度信号采集、电风扇控制信号输出等过程。在按下"停止"按钮后，系统停止 DAQ 过程，进入"空闲（默认）"状态，在按下"退出系统"按钮后退出系统，VI 停止运行。

11.3.2 程序框图的参考设计

1. 事件结构

1）该项目利用事件结构的超时帧及状态机完成各种状态的跳转。事件结构的设计包括超时帧、起动和停止 3 个分支。

超时帧的输入端口设置为 20 ms，其空闲界面如图 11-3a 所示。该帧共有 6 个状态，在

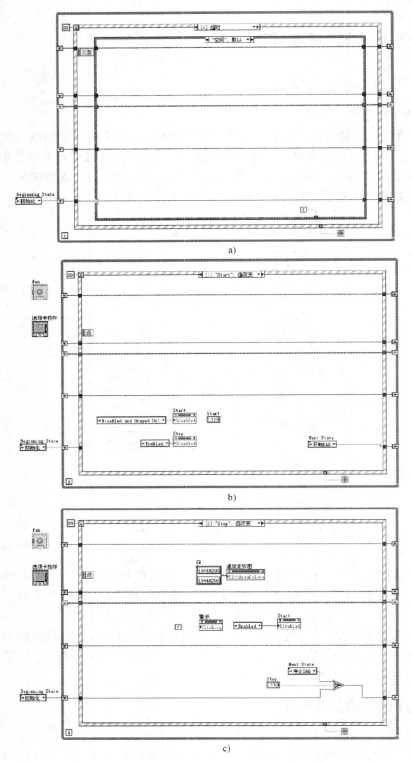

图 11-3 事件结构的 3 个分支

a）超时帧空闲（默认）界面　b）"start" 帧　c）"stop" 帧

20 ms 内前面板无任何事件发生，跳转至事件结构超时帧，执行其中状态机的某个条件结构帧。事件结构还有"start"和"stop"帧，用来启停 DAQ 过程，如图 11-3b 和 c 所示。

2）移位寄存器，位于循环外框上，可以用来传递状态机的跳转状态，也可以用来传递程序运行过程中所需要传递到下一次循环的各种数值。

3）使用属性节点，配置前面板各个控件的属性，如是否可见、是否禁用（且变灰值）和是否闪烁等。在各个帧中，根据界面设定细节，灵活使用属性节点。

2. 基于状态机的数据采集

（1）初始化

在程序开始运行时，状态机的状态为"初始化"，程序跳转到事件结构超时帧中的"初始化"界面，如图 11-4 所示。初始化的下一个状态（Next State）为"默认"，即空闲状态，进入该状态后，就原地等待下一个命令。

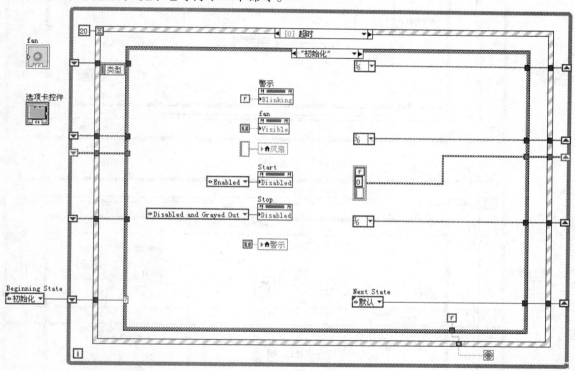

图 11-4 "初始化"界面

（2）开始 DAQ

使用 AI 采集温度信号，AO 控制电动机转动，DO 通道控制交通灯模块的 LED。在开始 DAQ 分支分别配置 3 路通道的初始化信息。开始 DAQ 界面如图 11-5 所示。

（3）温度采集

在该分支读取温度信息并分析温度和 AI 通道测得的电压信号，将电压值转换为温度值。在子 VI 中判定温度是否超过临界值，是否起动电风扇，是否有警报灯。温度采集分支如图 11-6 所示。温度采集子 VI 如图 11-7 所示。在子 VI 中，设置首次高温报警，电风扇控制电压为 10 V，其他情况按照温度不同输出控制电压。控制电压与温度对应表见表 11-1。

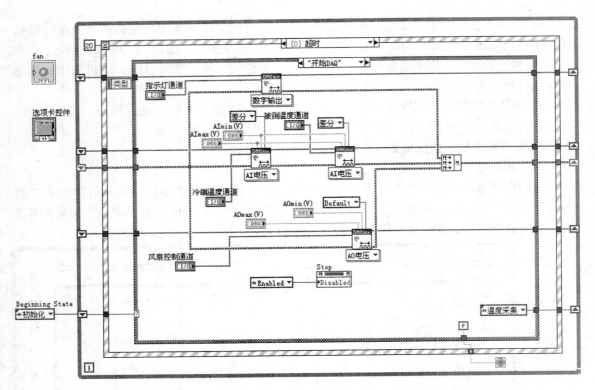

图 11-5　开始 DAQ 界面

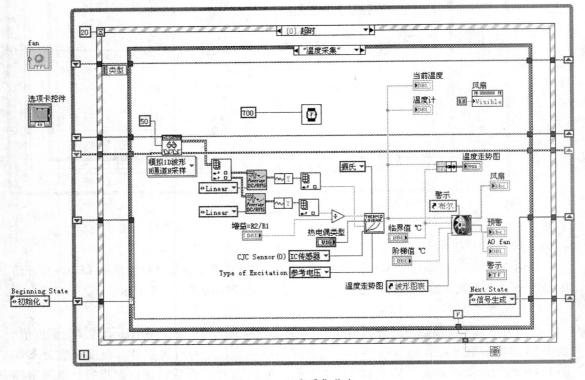

图 11-6　温度采集分支

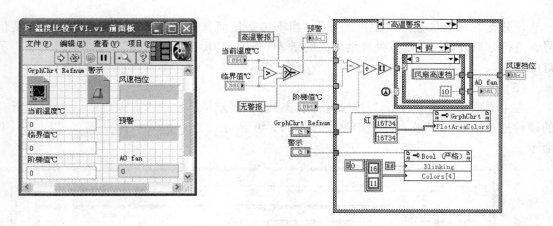

图 11-7 温度采集子 VI

表 11-1 控制电压与温度对应表

$T_{当前}\sim T_{上限}/℃$	0~3	3~6	6~9	>9
控制电压/V	6	7	8	10
风扇转速	低速	中低速	中速	高速

在该分支中设置下一个状态是"信号生成",执行完该分支进入下一个分支,刷新 AO 通道和 DO 通道的电压值。

（4）信号生成

该分支用来刷新 AO 通道和 DO 通道的电压值。根据前一个状态读取的温度值及判定结果,处理 AO 和 DO 的端口刷新值,生成信号如图 11-8 所示。

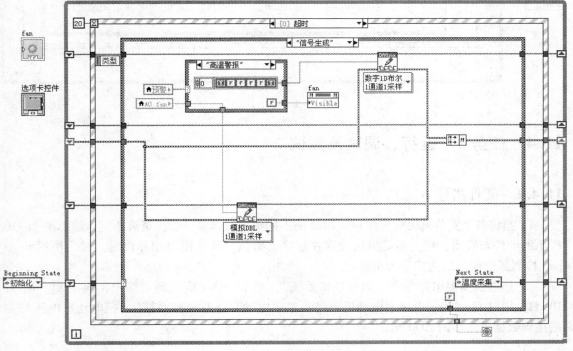

图 11-8 生成信号

该分支下一个状态为"温度采集",当不进行任何其他操作时,系统不断读取温度信号,进行分析处理,再根据处理结果,刷新 AO 通道和 DO 通道电压值来控制电风扇和指示灯的状态。

(5) 停止 DAQ

在主界面中单击"停止"按钮时,状态机跳转至该分支,结束采集的状态,将所有的硬件通道清零并释放,停止 DAQ,如图 11-9 所示。之后进入空闲状态,等待下一个命令。

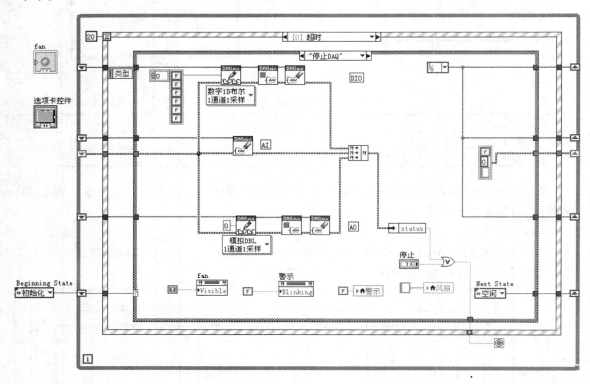

图 11-9 停止 DAQ

11.4 任务 3 运行、调试及测试

11.4.1 硬件搭建

1) 当将各个实验模块放置在 nextboard 的不同槽位时,鉴于硬件资源不同,推荐图 11-10 所示的硬件布置图,把交通灯模块放置在数字 1 槽位,其他模块相邻放置。然后使用 nextpad 检测各个模块的功能是否正常。

2) 热电偶测温电路参考"温度预警系统",把 J 型热电偶接到电路中,选择 R_2、R_4 为 10 kΩ,增益 $G=200$;电风扇电动机电路参考"电动自行车模拟系统",把电动机电压控制端接到数据采集卡的 AO0 端。

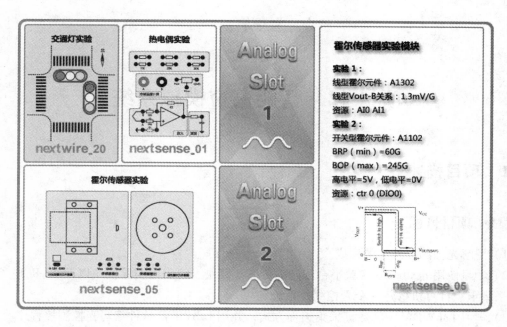

图 11-10 硬件布置图

11.4.2 调试及测试系统

1）配置硬件资源。硬件电路搭接完成后，根据硬件位置，配置硬件资源。按照图 11-10 所示的布置，设置通道号如下。

指示灯：

Dev1/port2/line4，Dev1/port1/line6，Dev1/port2/line6，Dev1/port2/line2，Dev1/port2/line1，Dev1/port2/line0

测点温度：Dev1/ai6

冷端温度：Dev1/ai7

电风扇控制通道：Dev1/ao0

2）参数设置。设置 I/O 信号的范围，AI 和 AO 的范围均为 0 ～ 10 V；设置热电偶型号为 J 型，放大器增益为 200；设置温度临界值为 25℃，阶梯值为 3℃。

3）运行程序，并进行调试、测试，记录数据和曲线，进行抓图。

4）根据任务书要求，撰写设计说明书。

11.5 思考题

该项目用热电偶测量测点温度，如何实现由 LM35D 集成温度传感器来测量测点温度？试搭建硬件系统，编写测控程序，实现该项目的功能。

项目 12   智能窗帘模拟系统

12.1   项目描述

12.1.1   项目目标

1）了解光控测控系统的构成。

2）学习使用 nextboard 实验平台和光敏传感器模块、编码器实验模块以及 NI PCI – 6221 数据采集卡、计算机搭建一个光控测控系统。

3）学习 LabVIEW 中的数据采集编程方式，并用 LabVIEW 软件编写光控测控程序。

4）对光控测控系统进行调试。

5）对该系统进行测试，并记录数据、图形图表，进行数据分析处理。

6）按照规范的格式要求撰写报告。

12.1.2   任务要求

设计一个智能窗帘模拟系统，实现如下功能。

采集光敏传感器光照信号，与光照强度上限值进行比较，当高于上限光照强度时，编码器模块对应的电动机反转，关窗帘；反之，当低于下限光照强度时，编码器模块对应的电动机正转，开窗帘。

要求在运行 VI 时，程序进入等待状态，当单击前面板上的"开始"按钮时，系统开始进行光控测控；当单击前面板上的"停止"按钮时，测控系统停止工作，将所有的硬件通道清零并释放；当有错误时，停止运行 VI。

在实现上述功能的同时，还要在前面板上进行实时光照强度显示、窗帘开关动画显示以及光照上限和下限显示。

12.1.3   任务分析

在该项目中，使用光敏传感器模块测量当前光照强度；使用编码器中的步进电动机模拟窗帘的开关。因此，这个项目中要用采集的模拟信号来读取被测光照强度；用模拟信号生成、输出控制电压来控制步进电动机的正转与反转，模拟窗帘的开与关。

12.2   任务 1   设计前面板

在前面板要设计光控测控的人机交互界面来显示系统简介，如图 12–1 所示。资源配置和参数设置如图 12-2 所示。仿真界面如图 12-3 所示。因此应使用 3 个选项的选项卡，把各部分内容分别放置在不同的选项中。

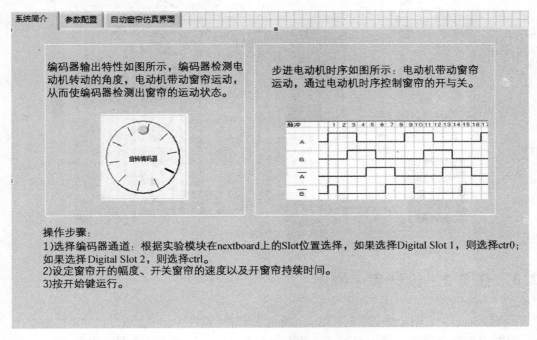

图 12-1　系统简介

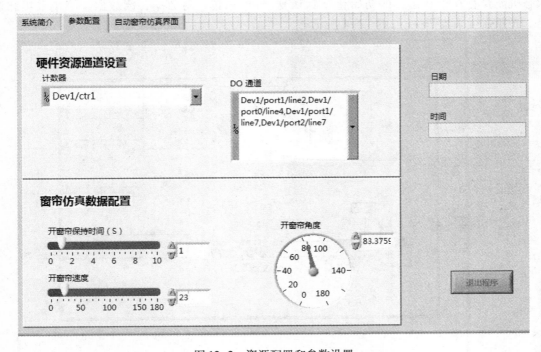

图 12-2　资源配置和参数设置

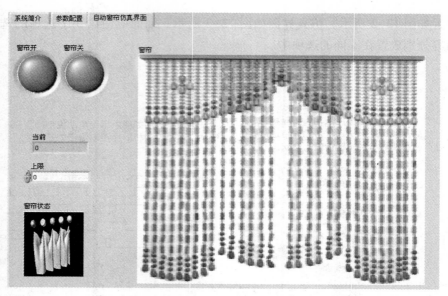

图 12-3　仿真界面

12.3　任务 2　设计程序框图

子 VI：通过采集阳光的光照强度得出，将电压用于主程序中，控制电动机的正转和反转。

根据测控功能要求，使用编写基于状态机的测控程序，来实现光照强度和控制功能。该状态机需要有 6 个状态，即初始化（默认）、开始采集、写数据、读数据、停止采集和退出。光照强度采集子 VI 如图 12-4 所示。

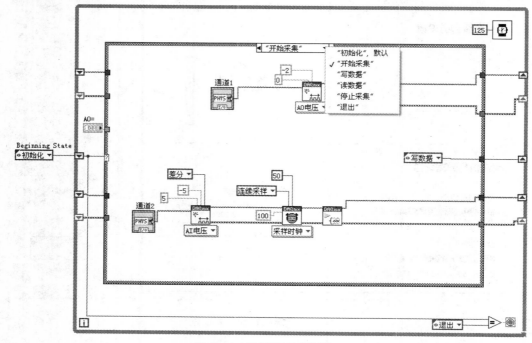

图 12-4　光照强度采集子 VI

把光照强度采集程序作为子 VI 供测控程序调用，图 12-5 所示为 Light 的子 VI。将采集来的光照强度作为当前值，与上限比较，如果小于上限，就开窗帘；反之根据任务要求，应选择"事件结构"，可以考虑设计等待、默认帧（如图 12-5 所示）、初始化、创建任务帧（如图 12-6 所示）、开窗帘帧（如图 12-7 所示）、关窗帘帧（如图 12-8 所示）、停止和退出等帧，完成通道配置、数据采集、开窗帘、关窗帘、停止数据采集和硬件通道清零并释放等过程。

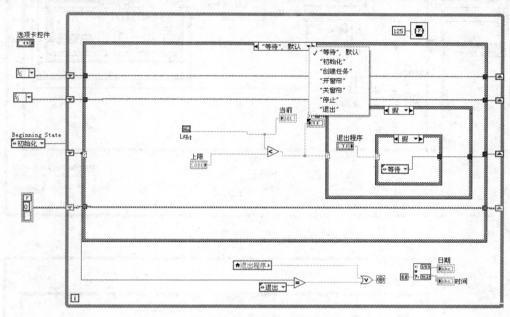

图 12-5　等待、默认帧

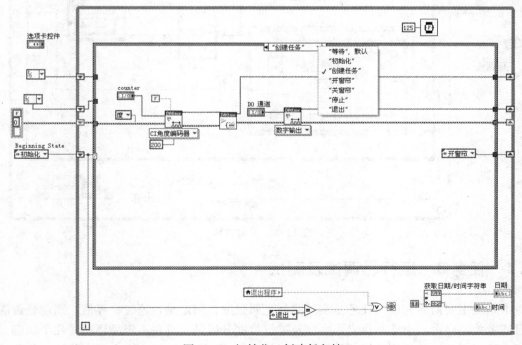

图 12-6　初始化、创建任务帧

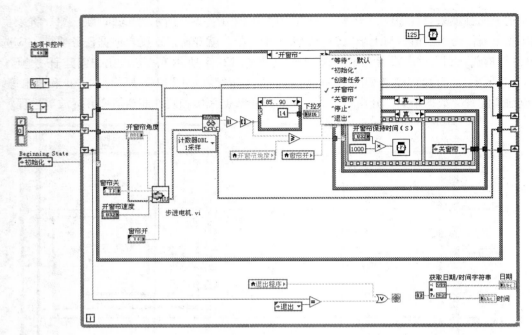

图 12-7　开窗帘帧

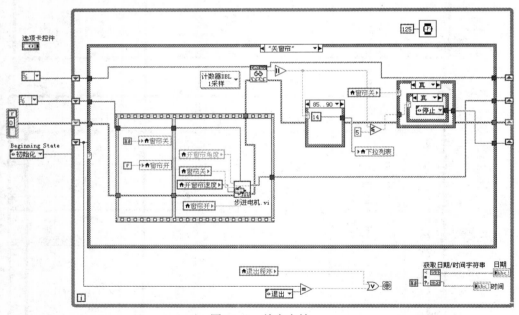

图 12-8　关窗帘帧

12.4　任务 3　运行、调试及测试

　　本系统主要需要完成的任务是实时测量光照强度，判定是否超过临界值，判定是否需要开启或者关闭窗帘。由于测量光照强度及进行数据分析是一直在不停循环跳转几个状态，所以很自然想到使用状态机这样的结构。选择状态机的基本条件是，多个状态跳转、某些状态

可复用、随时响应界面按键操作。

当将各个实验模块放置在 nextboard 的不同槽位时，鉴于硬件资源不同，把编码器放置在数字 1 槽位上，其他模块相邻放置。然后使用 nextpad 检测各个模块的功能是否正常。

完成硬件电路搭接后，根据硬件位置，配置硬件资源，并设置温度上限等相关参数，然后运行程序，进行调试、测试。

采集光敏传感器光照信号，与光照强度上限值进行比较，当低于限定光照强度时，编码器模块对应的电动机正转开窗帘。调试及室内光线暗窗帘开的测试界面如图 12-9 所示。

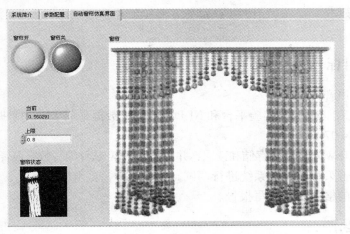

图 12-9　室内光线暗窗帘开的测试界面

采集光敏传感器光照信号，与光照强度上限值进行比较，当高于上限光照强度时，编码器模块对应的电动机反转，关窗帘。室外光线太强窗帘关的测试界面如图 12-10 所示。

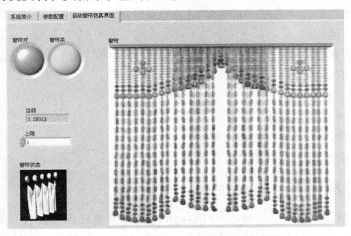

图 12-10　室外光线太强窗帘关的测试界面

12.5　思考题

查找资料，用同样的原理设计自动扶梯的运行控制系统，要求：有人承载时，扶梯运行；无人乘载时，扶梯停并处于待机状态。

项目 13　数字存储式录音系统

13.1　项目描述

13.1.1　项目目标

1）了解常用声音传感器。

2）进一步熟悉 nextboard 实验平台和 NI PCI – 6221 数据采集卡，并掌握声音采集与回放实验模块 next sense07 的使用。

3）学习 LabVIEW 中的文件存储和读取，并用 LabVIEW 软件编写数字声音采集与回放程序。

4）对数字声音采集与回放系统进行调试，保存文件，截取图片。

5）按照规范的格式要求撰写报告。

13.1.2　任务要求

数字录音系统是将现场的语音模拟信号转变为离散的数字信号，存储在一定的存储介质上的一种录音方式。它也是数字语音处理技术中常用的一种方式，被广泛应用于工业监控系统、自动应答系统、多媒体查询系统、智能化仪表、办公自动化系统或家用电器产品中，使它们具有语音输出功能，能在适当的时候用语音实时报告系统的工作状态、警告信息和提示信息或相关的解释说明等。

设计一个数字存储式录音系统，实现如下功能。

1）可以播放声音文件。

2）可以录制声音文件。

3）可回放录制的声音文件。

4）可以随时暂停（可选）播放文件。

5）可以修改播放文件的声音大小（可选）。

13.1.3　任务分析

1）该任务包括两个部分，一个是使用驻体式麦克风实现声电转换（录音），一个是采用扬声器实现电声转换（回放音频）。无论是录音还是播放，都需要文件操作，故在硬件动作之前，需要选定合适的文件路径，然后配置硬件资源，录制音频或播放音频，使用模拟信号采集通道或模拟信号生成通道，完成实验内容。

2）根据该任务的功能要求，使用基于状态机编写的程序，来实现数字声音的采集与回放功能。该状态机需要有 10 个状态，即空闲（默认）、初始化、打开录音文件、开始录音 DAQ、录音、打开播放文件、开始播放 DAQ、播放、停止播放 DAQ、停止录音 DAQ。

3）根据任务要求，应选择"事件结构"，在超时帧中使用状态机，实现录放功能。通过移位寄存器＋枚举类型，传递跳转状态。事件结构用来响应界面按钮。

13.2　任务 1　设计前面板

数字存储式录音系统前面板包括系统概述、录放音和硬件资源 3 个选项的选项卡，其示例如图 13-1 所示。

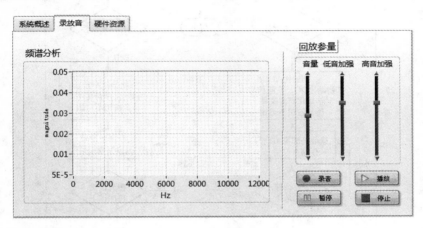

a)

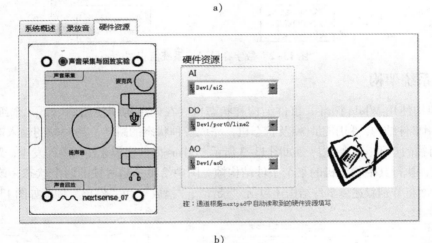

b)

图 13-1　数字存储式录音系统前面板示例

a)"录放音"选项卡　b)"硬件资源"选项卡

13.3　任务 2　设计程序框图

13.3.1　系统流程图

数字存储录音系统流程图如图 13-2 所示，它主要完成的任务是声音录制和声音播放。

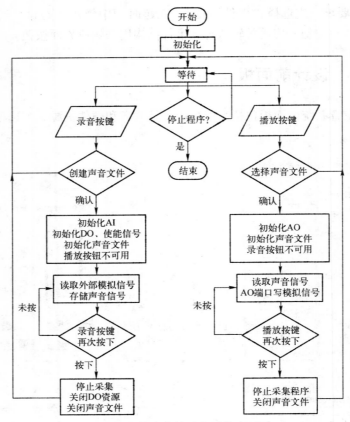

图 13-2　数字存储录音系统流程图

13.3.2　系统架构

整个架构使用 While 循环、事件结构和状态机。在该结构中使用到以下几个细节。

1）使用事件结构，利用超时帧及状态机，完成各种状态的跳转。超时帧的输入端口设置为 50 ms，超时帧的空闲、初始化界面如图 13-3 所示。50 ms 内前面板无任何事件发生，跳转至事件结构超时帧，执行其中状态机的某个条件结构帧。图中给出了超时帧的两个状态，该帧共有 10 个状态，后面将分别叙述。事件结构还包括"录音"、"播放"和"停止"帧，如图 13-4 所示。

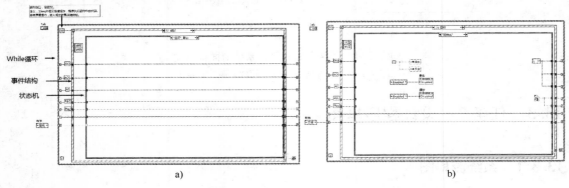

a)　　　　　　　　　　　　　　　　　　　　b)

图 13-3　超时帧的空闲、初始化界面

a) 超时帧的空闲界面　b) 超时帧的初始化界面

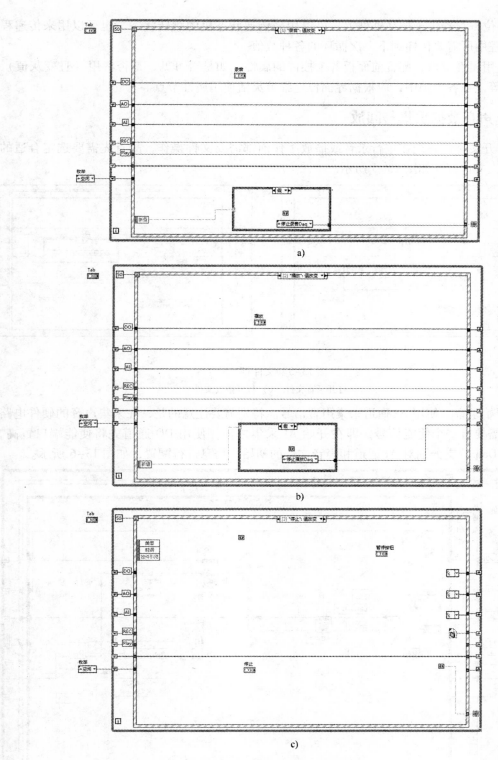

图 13-4　录音、播放、停止帧

a) 录音帧　b) 播放帧　c) 停止帧

2）移位寄存器位于循环外框上，可以用来传递状态机的跳转状态，也可以用来传递程序运行过程中所需传递到下一次循环的各种数值。

3）使用属性节点，配置前面板各个控件的属性，如是否可见、是否禁用（且变灰值）、是否闪烁等。在各个帧中，应根据界面设定细节灵活使用属性节点。

13.3.3 声音数据采集与回放

1）打开文件。系统在进行录音或播放工作前都需要文件操作，故首先需要选定合适的文件路径，文件打开如图 13-5 所示。

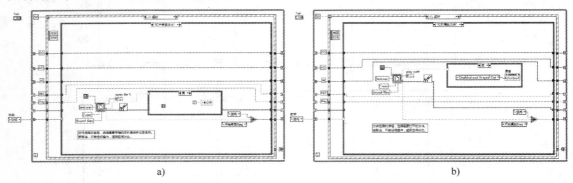

图 13-5　文件打开

a）打开录音文件　b）打开播放文件

2）开始录音。使用 AI 通道采集声音信号。特别需要注意的是，在采集声音的硬件电路设计中，需要有一个使能信号，即在开始 AI 采集之前，使用 DO 通道先将使能端口置高。开始录音 Daq 分支分别对 AI 通道和声音文件的初始化信息进行配置，如图 13-6 所示。

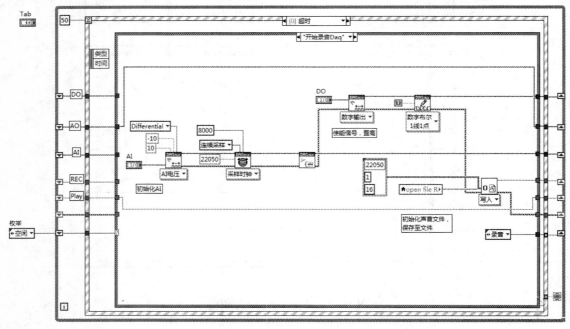

图 13-6　开始录音

168

3）录音。将 AI 通道采集到的声音信号通过滤波处理后保存到声音文件，如图 13-7 所示。

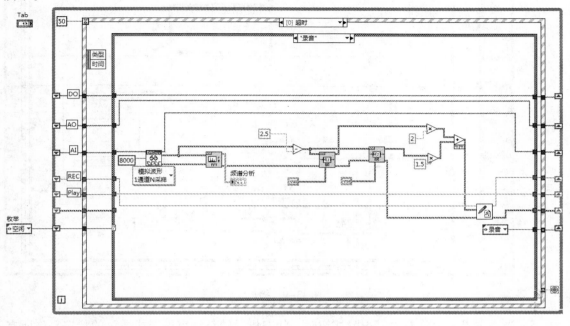

图 13-7　录音

4）开始播放和播放。使用 AO 通道输出声音信号，在开始播放 Daq 中对 AO 通道初始化信息进行配置（如图 13-8 所示），在播放分支中读取转化声音文件信息，并刷新 AO 通道输出电压值（如图 13-9 所示）。

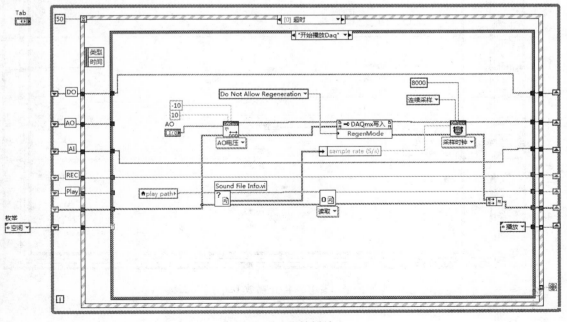

图 13-8　开始播放

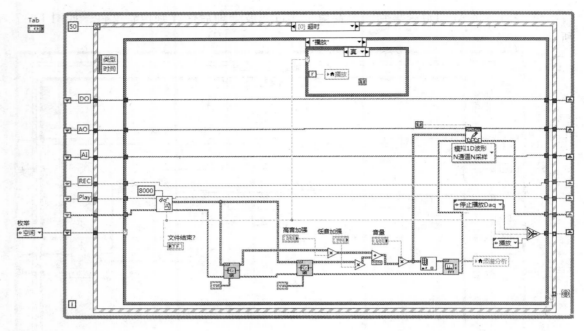

图 13-9 播放

5）当在主界面中单击"停止"按钮时，状态机跳转至结束录音或播放的状态。将所有的硬件通道清零并释放，停止播放 Daq 和停止录音 Daq 分别如图 13-10 和图 13-11 所示。

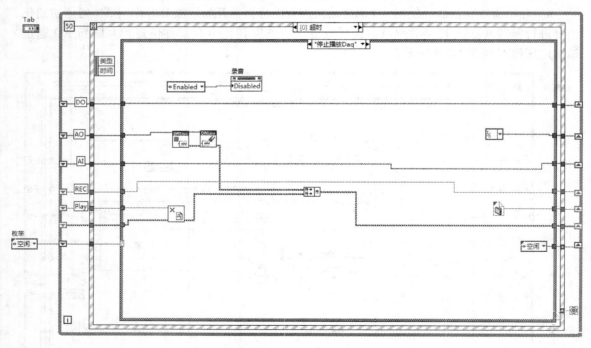

图 13-10 停止播放 Daq

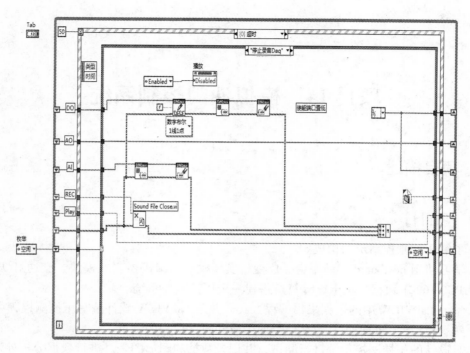

图 13-11　停止录音 Daq

13.4　任务 3　运行、调试及测试

13.4.1　硬件搭建

当将各个实验模块放置在 nextboard 的不同槽位时，鉴于硬件资源不同，把 nextsense_07 模块放置在模拟信号槽位上。然后使用 nextpad 检测该模块是否能够正常使用，是否可以进行采集保存并回放声音文件。

13.4.2　调试及测试系统

在完成硬件电路搭接后，根据硬件位置，配置硬件资源，并设置温度上限等相关参数，然后运行程序，进行调试、测试。根据任务书要求，撰写设计说明书。

13.5　思考题

1. 如何实现音量的修改？
2. 对于随时暂停功能，不适用状态机实现容易吗？

项目 14   模拟油门控制系统

14.1   项目描述

14.1.1   项目目标

1）了解压控测控系统的构成。

2）学习使用 nextboard 实验平台、应变桥实验模块、编码器实验模块、交通灯实验模块以及 NI PCI－6221 数据采集卡、计算机搭建一个压控测控系统。

3）学习 LabVIEW 中的数据采集编程方式，并用 LabVIEW 软件编写压控测控程序。

4）熟悉模拟信号的采集、数字信号的生成和数字信号的测量。

5）对设计的压控测控系统进行测试，并记录数据和图形图表，进行数据分析处理。

6）按照规范的格式要求撰写报告。

14.1.2   任务要求

本次实验模拟油门控制系统。

1）用应变梁所受压力的变化来表征当前油门踏板的踩踏量。压力越大，表示踩踏量越大、发动机进气量越大、汽车速度越快。

2）使用步进电动机的角度变化来表征应变梁的压力变化，压力越大，步进电动机转过的角度越大，直到某个开度（如45°）为止。

3）使用交通灯的流水灯模式作为当前油门踏板踩踏量的变化。用 6 盏 LED 灯来表征发动机进气量的多少（或者说当前车轮转速的高低）。

14.1.3   任务分析

系统所涉及的信号类型如下。

应变力 —— 模拟信号采集。

步进电动机转动——数字信号控制步进电动机。

角度测量—— counter 测试编码器的信号。

流水灯 —— 数字信号生成。

当压力变小时，控制电动机反向运转，开合度减小，直到角度回至0°为止，即仿真发动机进气量逐步回落为0的状态。

当压力为0且无任何操作时，数字输出（DO）不进行任何操作，即数组元素为零。可以使用条件结构做选择操作。

14.2　任务1　设计前面板

图 14-1 所示给出油门控制系统的前面板设计。交通灯也有流水灯的操作形式，交通灯被点亮多少由应变力的变化来决定。使用波形图表，可查看测得的应变量，显示应变量和步进电动机的控制量；使用数字波形图表，可查看通过编码器所测得的数字信号。

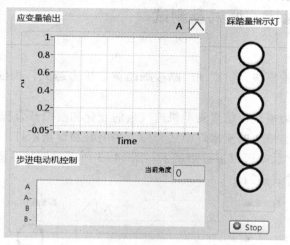

图 14-1　油门控制系统的前面板设计

14.3　任务2　设计程序框图

图 14-2 所示给出程序框图的双循环架构。该程序使用了两个循环，运行程序，程序采集开始；单击"停止"按钮，程序停止。这里使用了上一个循环的 Stop 控件的局部变量，

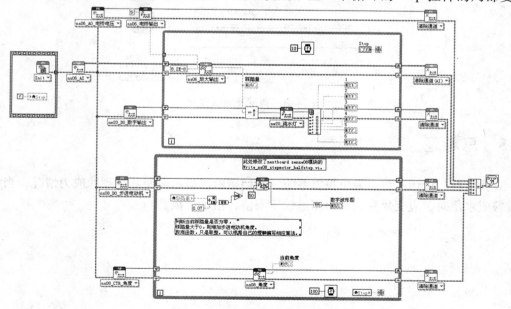

图 14-2　程序框图的双循环架构

用来传输数据。确保两个循环可以一起得到真值，并停止。使用局部变量，将应变梁所测得的踩踏量从上一个循环传递到下一个循环。

事实上，还有一种规范的程序架构，即生产者消费者模式，可供选择使用。生产者负责采集应变梁的应变信号，使用 FIFO 传递踩踏量，传递至消费者循环，在消费者循环中，根据踩踏量进行相应的算法。

14.4　任务3　运行、调试及测试

操作步骤如下。

1）使用应变桥实验模块，仿真油门踏板踩踏量。压力越大，表征当前踩踏量越大。以 250 g 作为质量上限。

2）使用编码器实验模块，仿真发动机进气量的变化和模拟开合程度。

3）使用交通灯实验模块的流水灯模式，作为当前踩踏量指示灯。

在将硬件搭建好之后就可以进行测试了。图 14-3 所示是调试及测试界面，可以考虑以砝码从小到大递增的方式进行。

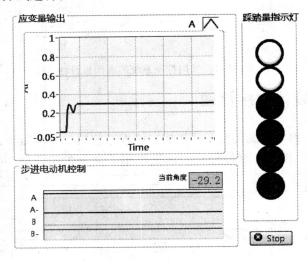

图 14-3　调试及测试界面

14.5　思考题

查找资料，设计水位、液位报警系统，通过指示灯显示应变片受到的应力情况，当液位超过警戒水位时，应变片受到应力超过设定限值，指示灯报警。

参 考 文 献

[1] 杨高科. LabVIEW 虚拟仪器项目开发与管理[M]. 北京：机械工业出版社，2012.

[2] 吴成东，孙秋野，盛科. LabVIEW 虚拟仪器程序设计及应用[M]. 北京：人民邮电出版社，2008.

[3] 李瑞. LabVIEW 2009 中文版虚拟仪器从入门到精通[M]. 北京：机械工业出版社，2010.

[4] http://china. ni. com/. 美国国家仪器（NI）有限公司.

[5] http://nextu. com. cn/default. aspx. next 教育.

[6] http://www. pansino. com. cn/. 北京中科泛华测控技术有限公司.

[7] 陈树学，刘萱. LabVIEW 宝典[M]. 北京：电子工业出版社，2011.

[8] 阮奇桢. 我和 LabVIEW [M]. 北京：北京航空航天大学出版社，2009.

[9] 黄松岭，吴静. 虚拟仪器设计基础教程[M]. 北京：清华大学出版社，2008.

[10] （美）PETER A B. LabVIEW 编程样式[M]. 刘章发，依法臻，等译. 北京：电子工业出版社，2009.

[11] TRAVIS J, KRING J. LabVIEW 大学实用教程[M]. 3 版. 乔瑞萍，等译. 北京：电子工业出版社，2008.

[12] 江建军，刘继光. LabVIEW 程序设计教程[M]. 北京：电子工业出版社，2008.

[13] CONWAY J, WATTS S. 软件工程方法在 LabVIEW 中的应用[M]. 罗宵，周毅，等译. 北京：清华大学出版社，2006.

[14] 隋修武. 测控技术与仪器创新设计实用教程[M]. 北京：国防工业出版社，2012.

[15] 江征风. 测试技术基础 [M]. 2 版. 北京：北京大学出版社，2010.

[16] 张克. 温度测控技术及应用[M]. 北京：中国计量出版社，2011.

[17] 林玉池. 测控技术与仪器实践能力训练教程[M]. 2 版. 北京. 机械工业出版社，2009.

[18] 王先培. 测控系统与集成技术[M]. 武汉：华中科技大学出版社，2012.

[19] 白云，高育鹏，胡小江，等. 基于 LabVIEW 的数据采集与处理技术[M]. 西安：西安电子科技大学出版社，2009.

[20] 李江全，等. LabVIEW 虚拟仪器数据采集与串口通信测控应用实战[M]. 北京：人民邮电出版社，2010.

精品教材推荐

计算机电路基础

书号：ISBN 978-7-111-35933-3

定价：31.00 元　　作者：张志良

推荐简言：

　　本书内容安排合理、难度适中，有利于教师讲课和学生学习，配有《计算机电路基础学习指导与习题解答》。

高级维修电工实训教程

书号：ISBN 978-7-111-34092-8

定价：29.00 元　　作者：张静之

推荐简言：

　　本书细化操作步骤，配合图片和照片一步一步进行实训操作的分析，说明操作方法；采用理论与实训相结合的一体化形式。

汽车电工电子技术基础

书号：ISBN 978-7-111-34109-3

定价：32.00 元　　作者：罗富坤

推荐简言：

　　本书注重实用技术，突出电工电子基本知识和技能。与现代汽车电子控制技术紧密相连，重难点突出。每一章节实训与理论紧密结合，实训项目设置合理，有助于学生加深理论知识的理解和对基本技能掌握。

单片机应用技术学程

书号：ISBN 978-7-111-33054-7

定价：21.00 元　　作者：徐江海

推荐简言：

　　本书是开展单片机工作过程行动导向教学过程中学生使用的学材，它是根据教学情景划分的工学结合的课程，每个教学情景实施通过几个学习任务实现。

数字平板电视技术

书号：ISBN 978-7-111-33394-4

定价：38.00 元　　作者：朱胜泉

推荐简言：

　　本书全面介绍了平板电视的屏、电视驱动板、电源和软件，提供有习题和实训指导，实训的机型，使学生真正掌握一种液晶电视机的维修方法与技巧，全面和系统介绍了液晶电视机内主要电路板和屏的代换方法，以面对实用性人才为读者对象。

电力电子技术　第 2 版

书号：ISBN 978-7-111-29255-5

定价：26.00 元　　作者：周渊深

获奖情况：普通高等教育"十一五"国家级规划教材

推荐简言：本书内容全面，涵盖了理论教学、实践教学等多个教学环节。实践性强，提供了典型电路的仿真和实验波形。体系新颖，提供了与理论分析相对应的仿真实验和实物实验波形，有利于加强学生的感性认识。

精品教材推荐

EDA 技术基础与应用

书号：ISBN 978-7-111-33132-2

定价：32.00 元　　作者：郭勇

推荐简言：

　　本书内容先进，按项目设计的实际步骤进行编排，可操作性强，配备大量实验和项目实训内容，供教师在教学中选用。

电子测量仪器应用

书号：ISBN 978-7-111-33080-6

定价：19.00 元　　作者：周友兵

推荐简言：

　　本书采用"工学结合"的方式，基于工作过程系统化；遵循"行动导向"教学范式；便于实施项目化教学；淡化理论，注重实践；以企业的真实工作任务为授课内容；以职业技能培养为目标。

高频电子技术

书号：ISBN 978-7-111-35374-4

定价：31.00 元　　作者：郭兵 唐志凌

推荐简言：

　　本书突出专业知识的实用性、综合性和先进性，通过学习本课程，使读者能迅速掌握高频电子电路的基本工作原理、基本分析方法和基本单元电路以及相关典型技术的应用，具备高频电子电路的设计和测试能力。

单片机技术与应用

书号：ISBN 978-7-111-32301-3

定价：25.00 元　　作者：刘松

推荐简言：

　　本书以制作产品为目标，通过模块项目训练，以实践训练培养学生面向过程的程序的阅读分析能力和编写能力为重点，注重培养学生把技能应用于实践的能力。构建模块化、组合型、进阶式能力训练体系。

Verilog HDL 与 CPLD/FPGA 项目开发教程

书号：ISBN 978-7-111-31365-6

定价：25.00 元　　作者：聂章龙

获奖情况：高职高专计算机类优秀教材

推荐简言：

　　本书内容的选取是以培养从事嵌入式产品设计、开发、综合调试和维护人员所必须的技能为目标，可以掌握 CPLD/FPGA 的基础知识和基本技能，锻炼学生实际运用硬件编程语言进行编程的能力，本书融理论和实践于一体，集教学内容与实验内容于一体。

电子信息技术专业英语

书号：ISBN 978-7-111-32141-5

定价：18.00 元　　作者：张福强

推荐简言：

　　本书突出专业英语的知识体系和技能，有针对性地讲解英语的特点等。再配以适当的原版专业文章对前述的知识和技能进行针对性联系和巩固。实用文体写作给出范文。以附录的形式给出电子信息专业经常会遇到的术语、符号。

精品教材推荐

电子工艺与技能实训教程

书号：ISBN 978-7-111-34459-9

定价：33.00 元　作者：夏西泉　刘良华

推荐简言：

　　本书以理论够用为度、注重培养学生的实践基本技能为目的，具有指导性、可实施性和可操作性的特点。内容丰富、取材新颖、图文并茂、直观易懂，具有很强的实用性。

综合布线技术

书号：ISBN 978-7-111-32332-7

定价：26.00 元　作者：王用伦 陈学平

推荐简言：

　　本书面向学生，便于自学。习题丰富，内容、例题、习题与工程实际结合，性价比高，有实用价值。

集成电路芯片制造实用技术

书号：ISBN 978-7-111-34458-2

定价：31.00 元　作者：卢静

推荐简言：

　　本书的内容覆盖面较宽，浅显易懂；减少理论部分，突出实用性和可操作性，内容上涵盖了部分工艺设备的操作入门知识，为学生步入工作岗位奠定了基础，而且重点放在基本技术和工艺的讲解上。

通信终端设备原理与维修 第 2 版

书号：ISBN 978-7-111-34098-0

定价：27.00 元　作者：陈良

推荐简言：

　　本书是在 2006 年第 1 版《通信终端设备原理与维修》基础上，结合当今技术发展进行的改编版本，旨在为高职高专电子信息、通信工程专业学生提供现代通信终端设备原理与维修的专门教材。

SMT 基础与工艺

书号：ISBN 978-7-111-35230-3

定价：31.00 元　作者：何丽梅

推荐简言：

　　本书具有很高的实用参考价值，适用面较广，特别强调了生产现场的技能性指导，印刷、贴片、焊接、检测等 SMT 关键工艺制程与关键设备使用维护方面的内容尤为突出。为便于理解与掌握，书中配有大量的插图及照片。

MATLAB 应用技术

书号：ISBN 978-7-111-36131-2

定价：22.00 元　作者：于润伟

推荐简言：

　　本书系统地介绍了 MATLAB 的工作环境和操作要点，书末附有部分习题答案。编排风格上注重精讲多练，配备丰富的例题和习题，突出 MATLAB 的应用，为更好地理解专业理论奠定基础，也便于读者学习及领会 MATLAB 的应用技巧。